河川工学

風間　聡 編著

小森　大輔
峠　嘉哉
糠澤　桂　　共著
横尾　善之
渡辺　一也

理工図書

まえがき

　土木技術者または環境技術者を志しているにも関わらず川に関心が無い。これはゆゆしきことである。この問題に数年前に気づいた。レジャーで多くの人が海や山に行くが，川に行くことは少ない。もっと川を身近に感じてもらいたい。もっと川を知ってもらいたい。もっと川を語ってもらいたい。この強い思いが本書の執筆の動機である。

　そのため，本書は一般的な河川工学の教科書と少し違う。河川ガイドブックのような川の見方を学ぶ本であり，河川工学入門の手引書のような位置づけである。つまり，本書を読むことによって，川に行きたくなるような本を目指した。川を歩いて欲しい。実に多くの構造物があり，様々な工夫がなされているはずである。本書を読めば，「あそこに見える樋門はフラップゲートだ。そのわきに杭出し水制がある。護岸の法面工に桟が施されている。この部分は洪水に対して脆弱なのかな？」などという話が出来るはずである。

　本来，河川工学は河川計画，河川管理，河川工事に基づいた構成になるべきである。その基本理論は，土木工学における水文学，水理学，構造力学である。河川工学はこれら基礎理論を踏まえた応用科目である。本書は，このような構成や理論からの展開を無視している。本書を読んだ後，本格的に河川工学を志すなら，より専門性の高い教科書や土砂水理学を学んで欲しい。土砂水理学は河川の根幹を成す理論に満ちている。

　平成の後半は水災害が多く，主なものだけでも27年関東・東北豪雨，28年北海道，岩手，29年九州北部豪雨，30年西日本豪雨さらに令和元年台風19号とあり，たくさんの方が犠牲になった。日本だけでなく，世界でもひどい洪水が各地であり，太古からの人類の英知が未だ十分でないことは自明である。河川工学の根源は，洪水氾濫被害を抑えるための学問であり，医学でいうところの予防を考える学問である。加えて渇水も備えなければならない。未だ様々な洪水被害や水資源の問題が生じるのは，解決されていない課題が多いためであり，河川を専門として学ぶことは大変価値のあることである。

　本書は河川マニアの6人で執筆している。2章を峠が，3章を渡辺，4章を小森，6章を横尾，7章を糠澤，1, 5, 8章を風間が担当した。各人はもっと書きたいことがあったが，分量を抑えてもらった。興味を持ってもらえるように文より写真や図面を豊富にするように心がけた。本書で読んだもの，見たものは，ぜひ，実際に川に足を運んで見て欲しい。色々な構造物や自然を見ることができるはずである。本書が河川に行くきっかけになれば幸いである。

　最後に国土交通省東北地方整備局ならびに各事務所，秋田県から資料の提供を，写真等では書内で示した機関や事務所，会社から提供を受けた。また，一部，東北地域づくり協会の援助を受けた。他にも直接間接様々な形で多くの方にご協力いただいた。本書を支えてくださった多くの方に厚く御礼申し上げる。

令和2年7月

【著者一覧】

風間　聡（かざまそう）

1990 年　東北大学工学部卒業

1995 年　東北大学　博士（工学）

1995 年　筑波大学構造工学系　講師

1997 年　アジア工科大学院　講師

1999 年　東北大学大学院工学研究科　助教授

2010 年　同　教授　現在に至る

峠　嘉哉（とうげよしや）

2010 年　京都大学工学部卒業

2015 年　京都大学　博士（工学）

2015 年　京都大学防災研究所　特任助教

2016 年　東北大学大学院工学研究科　助教　現在に至る

渡辺　一也（わたなべかずや）

2001 年　前橋工科大学工学部卒業

2006 年　東北大学　博士（工学）

2006 年　（独）港湾空港技術研究所

2009 年　高松工業高等専門学校　助教

2012 年　秋田大学大学院工学資源学研究科　講師

2018 年　同理工学研究科　准教授　現在に至る

小森　大輔（こもりだいすけ）

2000 年　東京農工大学農学部卒業

2005 年　東京農工大学　博士（農学）

2005 年　東京大学生産技術研究所　研究員

2009 年　同　特任助教

2012 年　同　特任准教授

2013 年　東北大学大学院工学研究科　准教授　現在に至る

横尾　善之（よこおよしゆき）

1997 年　筑波大学基礎工学類卒業

2002 年　東北大学　博士（工学）

2002 年　日本学術振興会　特別研究員（PD）

2004 年　足利工業大学工学部都市環境工学科　講師

2008 年　東京大学総括プロジェクト機構「水の知」（サントリー）　特任准教授

2009 年　福島大学理工学群共生システム理工学類　准教授　現在に至る

糠澤　　桂（ぬかざわけい）

2008 年　岩手大学工学部卒業

2013 年　東北大学　博士（工学）

2013 年　日本学術振興会　特別研究員（PD）

2014 年　仏国立農業環境科学技術研究所（Irstea）　客員研究員

2016 年　宮崎大学工学部　助教　現在に至る

目　　　次

河川について

1.1 河川の分類

　曖昧さを排除して河川を定義することは大変難しい。「流域の水を集めて流下する水面」と言えばもっともわれわれが目にする川についての印象を示しているかもしれない。例えば，大辞林（2006）によれば「川・河：降水や湧水が，地表の細長い窪みに沿って流れるもの」とある。工学を学ぶ者は，この「窪みに沿って」を「重力によって」と書き直したくなる。また，「降水や湧水」は抽象的であり，いくつも例外を見つけることができる。社会通念上，物理的概念としての河川は「自然水流と自然水流の流水の円滑な疎通を確保するために設けられる人工水流である」（河川法令研究会，2008）が工学部の学生にわかりやすいかもしれない。これは自然な流れと人工的な流れに区別している。最も一般的な定義としては，河川法第四条第一項において「公共の水流および水面」とされており，社会通念上とは異なる。河川法の定義に従えば湖沼や用排水路なども河川と考えることになる。

　別の問題として，水流というが，いつの水流と定義されるのだろうか？晴れているときに目にする水流と，100 年に 1 回のような大洪水の水流は全く違う。堤防を破壊して（破堤という）市街地まで流れているような水流も河川と定義されるのであろうか？　一般の人にとって河川とは安定かつ定常な空間を指すようである。河川法では河川区域が定義されている。これは堤防の端から端までの区域をいう（第 5 章参照）。堤防が無いような場合（無堤という）は「流水が継続して存する土地の区域」または「草木の生茂の状況その他その状況が河川の流水が継続して存する土地に類する状況を呈している土地」とある（河川法六条）。つまり，しばしば増水時に水が流れるような箇所を河川区域としている。

　河川を航空写真や衛星写真によって眺めると，降水を集水した流れが河口に向かう様がわかる。こうした降水が河川のある地点に集まる範囲を流域 [1]（Watershed, Catchment, System）と呼ぶ。この流域の境を流域界や分水嶺または分水界と呼ぶ。分水嶺から河口に向かって上流，中流，下流と区分することがある。さらに流れ方向（下流方向）に向かって左側，右側の地域をそれぞれ左岸，右岸という。ところで，上流と中流の境はどこなのだろうか？これも難問である。特に山岳域の流域界に近い河川を渓谷河川や渓流と呼ぶことがある。河川の見た目（景観）からセグメントによって上流から下流まで区分することもある。セグメント M は渓流を，セグメント 1 は上流を，セグメント 2 は中流を，セグメント 3 は下流と

1　集水域，水系ともいう

おおよそ対応している。このセグメントは粒径や勾配など様々な要因で区分するが，それぞれの項目が必ずしも合致するわけでなく，厳密に上中下流を区分することは難しい。源流付近を流れて渓谷を形成している渓谷河川や，扇状地を流れる扇状地河川の名称もある。また，下流で特に潮汐の影響を受ける河川を感潮河川という。

　河川には様々な分類があるが，2カ国以上の国に接するまたは2カ国以上の国内を流下する河川のことを国際河川と呼ぶ。世界には200以上あるといわれている。代表的な国際河川

表 1.1　河川の分類

項目	セグメント M	セグメント1	セグメント 2		セグメント 3
			2-1	2-2	
地形区分	←山間地→ 　←扇状地→ 　　←谷底平野→ 　　　←自然堤防帯→ 　　　　　←デルタ→				
河床材料の粒径	さまざま	2cm 以上	3〜1cm	1cm〜0.3mm	0.3mm 以下
河岸構成物質	岩が露出していることが多い	表層に砂，シルトが乗ることがあるが薄く，河床材料と同じ物質が占める	下層は河床材料と同一．細砂，シルト，粘土の混合物		シルト，粘土
勾配の目安	さまざま	1/60〜1/400	1/400〜1/5,000		1/5,000 以下
蛇行程度	さまざま	少ない	激しいが川幅水深比が大きいところでは 8 字蛇行または島の発生		さまざま
河岸浸食程度	非常に激しい	非常に激しい	中位		弱い
低水路[2]の平均深さ	さまざま	0.5〜3m	2〜8m		3〜8m

2　第5章参照

として，ライン川，ドナウ川，ナイル川，メコン川などがある。一方，日本国内においては，河川の管理者によって一級河川，二級河川，準用河川，普通河川と区分している。一級河川は「国土保全または国民経済上特に重要な水系で政令で指定したもの（いわゆる一級水系）に係る河川で国土交通大臣が指定したもの」と河川法で決められている。二級河川は「いわゆる一級水系以外の水系で公共の重要な利害に関係あるもの（いわゆる二級水系）に係る河川で都道府県知事が指定したもの」である。この他，「一級河川および二級河川以外の河川で市町村長が指定したもの」を準用河川という。一級河川，二級河川は河川法が適用され，準用河川は河川法が準用されるので，これら三つの河川を法河川という。法河川以外の「公共の水流および水面」は普通河川と呼ばれる。一級水系には二級河川が存在することはなく，一級河川，準用河川，普通河川で構成される[3]。二級水系も同様に二級河川，準用河川，普通河川で構成される。一級河川は大臣指定区間と知事指定区間があり，管理者を分けている。

国土地理院の地形図（地図）において河川を川幅によって区分することもある。平水時の

表 1.2　河川管理区分[4]

河川種別		指定者	水系数	河川数
法河川	一級河川	国土交通大臣	109	14,060
	二級河川	知事	2,711	7,079
	準用河川	市長村長		14,323
普通河川				

幅が 1.5m 以上 5m 未満の川を 1 条河川，5m 以上を 2 条河川という。また，幅が無い枯れている川をかれ川，または水無川と呼ぶ。かれ川は河道下に水流が潜っている場合があり，こうした川を伏流河川と呼ぶ。また，河川の一部が枯れていることを瀬切れまたは瀬枯れと呼ぶ。中国の黄河では特に断流と呼ぶ。

こうした河川を数値的に区分するため，いくつかの河川の性質を表す係数が考えられた。河川密度とは流域内にある河川の占める割合を表すものとして

$$河川密度 = \frac{L（本支流の長さの総計）}{A（流域面積）}$$

と定義されている。Horton は流域の平均幅 B として

3　滋賀県や埼玉県には二級河川がない。下流で淀川や利根川などの一級河川に接続するため，一級水系に含まれる。

4　平成 27 年 4 月 30 日現在。河川数は自治体の管理区間の変更などによって変わることがある。（国土交通省水管理・国土保全局，2016。）

$$\text{流域の平均幅 } B = \frac{A \text{（流域面積）}}{L_m \text{（本川の長さ）}}$$

を定義し，この流域の平均幅を用いた流域の形状係数

$$\text{形状係数} = \frac{B}{L_m}$$

を提案した。形状係数が大きいほど本川に沿った細長い川を表す。

　また，河川の大きさを表すものとして分水界から始まる流れが合流して，川幅や流量が大きくなる様を表した河川次数（Stream number, Strahler number, Horton-Strahler number, Strahler stream order）がある。源流から発した川の河川次数は 1 と表記され，一度合流すると 2 となる。河川次数 2 の河川は河川次数 1 と合流しても次数は上がらず，河川次数 2 の河川と合流すると 3 になる（図 1.1）。こうして河口において河川次数は最も大きくなる。また，河川の最も下流（河口とは限らない）から上流に向かい，最も長い距離を取る河道を選んだ距離を特にその河川の流路長と呼ぶ。流路長を求めた流路を本川と呼び，合流する川を支川と呼ぶ。途中で分流した川は派川と呼ぶこともある。

1.2　河川が作る地形の名称

　源流部で流れが生じると水と一緒に土砂が流れる。この様を浸食という。小さな U 字型の溝ができるが，この溝のことをリルと呼ぶ。こうした水路を形成する浸食をガリ浸食と呼ぶ。

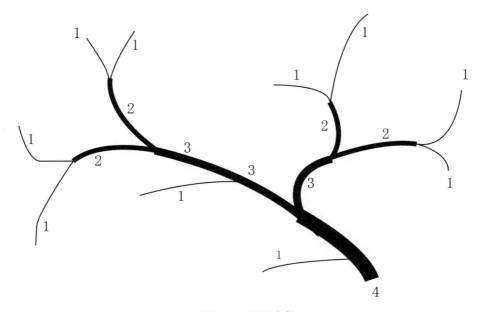

図 1.1　河川次数

リルが発達した大きな谷をガリと呼ぶこともある。流れは一般に蛇行し，左右に振れるため浸食する地域を広げる。その際，深く広く谷を形成する場合，上部が広く，下部が狭くなることがあり，階段状の河岸地形を形成することがある。これを河岸段丘と呼ぶ。浸食された土砂は，傾斜が緩い平野部に出ると，流れが遅くなるため堆積する。こうした渓谷から平野部に出た土砂が扇状にたまった地形を扇状地と呼ぶ。扇状地では山地から流された大きな石や砂が多く，雨が少ない時期には伏流河川となることが多い。平野を流れる川はさらに蛇行が激しくなり，蛇行する過程で生じた河道跡が湖や沼となって残る。これを三日月湖と呼ぶ。河道から氾濫すると，勾配が緩やかな場所に土砂を堆積する。こうしてできた周辺よりも少し高い地域（微高地）を自然堤防と呼ぶ。また，川からみた自然堤防の裏側（川から遠い地域）を後背地と呼ぶ。後背地は自然堤防が障害となり，水が残ることが多く，湿地を形成することもある。これを特に後背湿地と呼ぶ。流れによって運ばれた土砂は最終的に河口に達し，流れが極端に遅くなることから多くの土砂を落とす。河口域に堆積した土砂は微高地を広い範囲で作り，広く平坦な陸域を形成し，河道が分岐した三角州を形成する。河口だけでなく，河道が複雑に分岐合流を繰り返しているような河川を網状河川と呼ぶ（図 1.2）。

1.3　河川に関する法律

法律には行政において国の制度や政策に関する理念や基本方針を示した基本法（親法）と，基本法の目的に合うように諸施策を決めて遂行するように定めた個別法とがあるが，河川行政の基本法が河川法である。河川法は 1896 年（明治 29 年）に利水よりも治水に重点を置いて制定された。これは明治 18 年と 22 年の洪水被害が大きかったためである。この際に河川

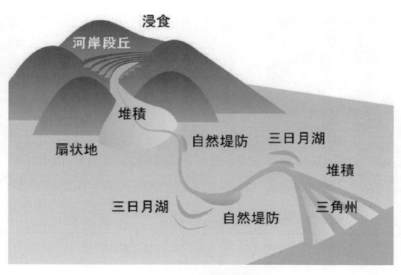

図 1.2　河川の名称

管理について体系的な法制度が確立した。この河川法を特に旧河川法と呼ぶ。旧河川法は約70年適用されたが，戦後の発電と工業用水の需要が増えたことと新憲法の制定による法制度の変革のため，1965年（昭和40年）に現行河川法が施行され，利水関係の規定整備が進んだ。その後，社会的要請から逐次改正が行われ，1997年（平成9年）に河川管理の目的に環境が追加され，樹林帯制度などが創設された。この河川法に関連した他の法律として，特定多目的ダム法，水防法，砂防法，海岸法，地すべりなど防止法などがある。この他にも水質汚濁防止法や下水道法など河川を管理する法律がある。

　河川に関する法律はそのときの社会背景に影響される。これらの詳細については第5章で詳説する。

川へ行こう　大分水嶺

　川の水が分岐して日本海と太平洋に分かれる場所を特に大分水嶺と呼ぶことがあります。岐阜県郡上市の分水嶺公園と山形県最上町の堺田が観光地として知られています。これらはおそらく人の手を入れて分岐させたと思われますが，ここから流れ出た水が片や太平洋，片や日本海に到達することは感慨深いものがあります。

　これらの整備されたものとは別に水が足りないので太平洋側から日本海側にトンネルを掘って導水したものもあります。阿武隈川水系白石川支流横川から最上川水系須川支流萱平川（宮城県から山形県）へ導水している横川堰です。これは山岳地帯の県境を越えた灌漑水路としては全国で唯一（第6章参照）。江戸時代の1821年に工事が始まり，1881年に完成を見ました。60年の年月がかかったのは技術的な問題よりも，水利権（第6章）の問題でした。

堺　田

横川堰

参考文献

1）国土交通省水管理・国土保全局，2016 河川データブック，2016.

第2章

河川の水理

2.1 降水

　降水は河川や地下水といった陸域に存在する水の源である。降水は人為的に操作できないものであり[1]，雨量の多寡に対して地上で洪水や渇水などの被害が起こらないようにすることが重要である。これが河川工学の意義の一つである。

　河川計画を立てる上で，降水の規模を事前に正確に予測することは不可能であるため，過去の災害事例から対策するべき降水の規模を確率的に推定することとなる。また，近年では気象レーダー観測網の整備により，時間的・空間的に得られた降水量を基に洪水の到来を予測する技術が高まっている。

2.1.1 豪雨の種類と原因

　何らかの理由によって上昇気流が発生した際，空気塊の上昇に伴う気温低下により水蒸気が凝結する。豪雨は，この上昇流の発生要因によって主に4種類，①局所的な対流による豪雨，②前線性豪雨，③低気圧性豪雨，④地形性豪雨に大別でき，それぞれに時空間的な規模や総雨量が異なる（図2.1）。

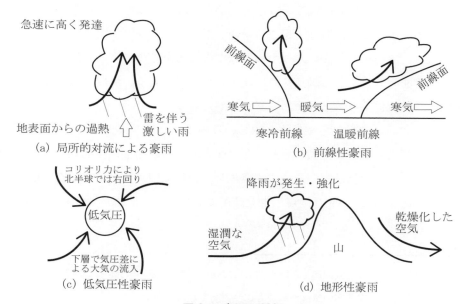

図2.1 豪雨の種類

1　人工降雨の技術もあるが，日本では利用されていない。

　局所的な対流[2]による豪雨とは，不安定性驟雨（しゅうう）（instability shower）とも呼ばれる単一または少数の積乱雲によって発生する豪雨で，近年問題視されるゲリラ豪雨が典型的である。夏季の良く晴れた日に地表面が熱せられることで，サーマル（thermal）と呼ばれる局所的な上昇流が発生し，積乱雲が発生する。突発的・局所的に激しい豪雨が発生するため，急な出水に避難が間に合わず水難事故に繋がる。平成20年7月28日，兵庫県神戸市で発生した突発的な豪雨により都賀川の水位が急激に上昇したため，河川内の人々が逃げ遅れる被害があった。近年の都市化の影響で発生したヒートアイランド現象[3]がこの局所的豪雨を増加させた可能性も指摘されている。

　前線性豪雨は，気団[4]同士の境界で生じる。寒暖二つの気団の界面を前線面といい，前線面と地表との交線を前線と呼ぶ。前線面では，温暖多湿の気団が寒冷側の気団により冷やされることで，水蒸気が凝結し降雨が生じる。前線面が温暖側に移動する場合には温暖前線，寒冷側に移動する場合を寒冷前線，前線面が停滞している場合を停滞前線と呼ぶ。台風や低気圧が前線を伴う場合もある。日本周辺において太平洋高気圧とオホーツク海高気圧の境界で生じる梅雨前線・秋雨前線は停滞前線の典型例であり，前線面上では複数の積乱雲[5]が乱立するため，時に激しい豪雨をもたらす。気団の空間スケールは大規模であるため，前線性降雨の空間スケールも数百kmに及ぶ大規模広域な降水をもたらす傾向がある。

　低気圧性豪雨は，気圧の低い領域に向けて平面的に空気が集まった結果，中心部で上昇流に転じることにより発生する。日本において温帯低気圧は偏西風に乗って西方から去来し，発生から消滅までの寿命は数日間である。熱帯低気圧は北緯10度前後の太平洋上で発生したものが北上することで去来する。この熱帯低気圧のうち最大風速が17m/sを超えたものが台風と定義されている。低気圧性豪雨は，海側から多湿の大気をもたらすため，日本の山岳域で地形性降雨による降水の激化が起こる場合もある。

　地形性豪雨は，風が山の斜面にぶつかった際に生じる上昇流により発生する。日本列島は中央に山岳地帯を有し，南北に細長く海に挟まれた地形である。海側から流れ込む湿潤な空気は山地で上昇気流に乗り時には激しい豪雨をもたらす。

　上記の他に，線状降水帯から発生する激しい降雨による洪水被害もある。線状降水帯は，降雨に引きずられた冷気が積乱雲の下部から平面方向に噴き出し，積乱雲外の風とぶつかることで，風上側に新たな積乱雲が連続的に発生し，帯状に積乱雲が乱立する現象である。典型的な例として，平成27年9月関東・東北豪雨における4日間雨量645.5mm（今市観測所，

---

2 対流とは，局所的に高温な大気の部分が浮力によって鉛直上方に移動する運動である。

3 ヒートアイランドとは，都市部の気温が周辺と比べて高くなる現象である。

4 気団とは，水平方向の広い範囲で気温や湿度等がほぼ一様な大気の塊である。

5 積乱雲は，強い上昇気流によって鉛直方向に著しく発達した雲である。

2015 年 9 月 7 日から 9 月 10 日）や，平成 29 年 7 月の平成 29 年 7 月九州北部豪雨における
日雨量 516.0mm（朝倉観測所，2017 年 7 月 5 日）などが挙げられる。激しい降雨が同一地点
に継続するため，大規模な洪水被害に繋がりやすい特徴がある。

　以上のような豪雨は，それぞれに時空間規模が大きく異なっている（図 2.2）。それぞれ
は総雨量や継続時間や予測時間などが大きく異なるため，防災上において異なった対策が必
要である。

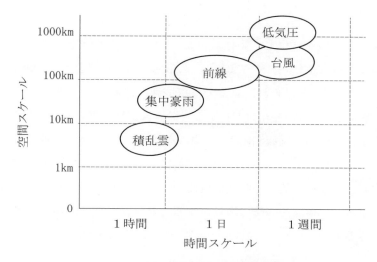

図 2.2　気象現象ごとの時空間規模

2.1.2　気象レーダー

　雨量の観測は主に雨量計を用いて行われてきたが，空間的な降水量分布を知るためには観
測地点を多く整備する必要がありコストがかかる。そこで，近年では広域を観測できる気象
レーダーを用いた雨量観測が進められている（写真 2.1）。写真 2.2 は 2013 年 3 月時点にお
ける日本における気象庁 C バンドレーダーの設置地点である。気象レーダーはアンテナを回

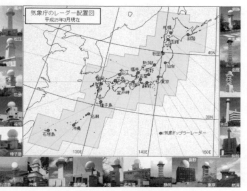

（気象庁ホームページ）

写真 2.1　気象レーダー（仙台管区気象台）　　　写真 2.2　気象レーダー配置図

表 2.1 波長ごとの気象レーダーの特性

	Sバンド	Cバンド	Xバンド
波長	約10cm	約5cm	約3cm
定量観測範囲	200km以上	120km	60km
弱規模の雨の探知能力	低い	やや低い	高い
降雨減衰	極めて小さい	小さい	大きい

転させながらマイクロ波を送信し，半径数百 km 以内の反射波を受信することで雨滴からの距離や速度を観測する。気象レーダーは表 2.1 に示すようにマイクロ波の波長から S バンド，C バンド，X バンドなどに分けられ，日本では広域観測に適した C バンドレーダーが整備された後に，より探知能力が高い X バンドレーダーの導入が進んだ。一般的に気象レーダーは，波長が長い場合には広域の降雨観測に適し，短い場合には高空間分解能で弱い雨の観測も可能である。X バンドは降雨粒子が小さい積乱雲初期から観測可能であるので，2.1.1 節で述べたゲリラ豪雨のような局所的で短時間に成長する豪雨に対しての早期発見が期待されている。また，水平と垂直の電波を同時に送受信することで降雨粒子の特徴（偏平度や移動速度など）を観測できる偏波[6]レーダー（MP レーダー：multi parameter radar）の導入も進んでいる。

　国土交通省は，これらの気象レーダーを用いた高性能レーダ雨量計ネットワーク（eXtended RAdar Information Network：XRAIN）の整備を進めている。XRAIN は空間解像度 250m で時間解像度 1 分ごとの面的な雨量情報を提供している。

　気象レーダーは広く面的な降水量を観測できるものの，地上雨量計観測に比べると精度が低い場合がある。例えば強い降雨があると多くの電波が消散してしまい後方の降雨を過小評価する降雨減衰効果がある。そこで地上雨量計と気象レーダーによる 2 種類の観測結果を組み合わせることによって作成された精度の高い降雨量を，レーダー・アメダス解析雨量または単に解析雨量という。日本全国を 1km 解像度 30 分間隔で作成されており，気象レーダーによる様々な誤差要因を考慮した上で補正されている。

2.1.3 降水分布の推定手法

　地上観測で得られる降水量は点の情報であるが，河川流量を推定する場合には降水の面的広がりが重要となる。実際には空間的に偏りの大きい降水量を限られた観測地点を基に，流域降水量や降水量分布として推定する手法が必要である。以下に降水分布を求める手法を示す。

---

6 偏波とは，振動方向が一定の方向に限られている電磁波である。

（a）　算術平均法

流域内の全ての観測降水量を平均して流域の平均降水量を求める手法である。流域面積が小さく，地形勾配など気象条件の変化要因が少ない場合に利用できる。

（b）ティセン法（Thiessen method）

ティセン法は，各観測点が代表する領域を設定する手法である。流域平均降水量は，その代表領域の面積と降水量との積を足し合わせて推定する。図 2.3 のように，白丸で示された観測点間を線分でつなぎ

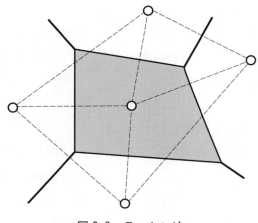

図 2.3　ティセン法

（図の点線），その線分の垂直二等分線（図の実線）から形成される多角形（図の塗りつぶし領域）を各観測点の代表領域とする。任意の点において最も近隣の観測点の降水量を採用することになる。各観測点についてこの代表領域を設定し，降水量分布を作成する。客観的な手法であるので結果に個人差が生じにくい利点もあり，実務で広く利用されている。

（c）逆距離荷重法（Inversed Distance Weight method：IDW 法）

観測点からの距離に応じた重みに従って，各グリッドのデータを求める方法である。対象の降水量を P とし，周辺の各降水量観測点までの距離を z_i，観測点の降水量を p_i とすると，

$$P = \frac{\sum_{i=1}^{n} w_i p_i}{\sum_{i=1}^{n} w_i} \quad (w_i = z_i^{-a})$$

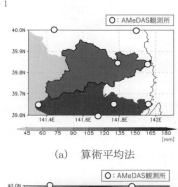

（a）　算術平均法

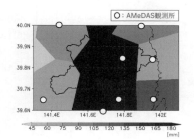

（b）　テイセン法

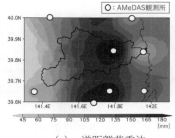

（c）　逆距離荷重法

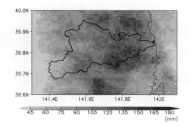

（d）　レーダー雨量

図 2.4　流域降雨推定手法間の比較（2016 年 8 月 31 日台風 10 号事例）

ここに，*a* は定数である。

図 2.4 は，これらの降水分布推定手法間で推定された面的な降水量とレーダー雨量を比較したものである。対象としたのは平成 28 年に発生した台風 10 号豪雨事例であり，8 月 30 日の日雨量を示している。

2.1.4 頻度分析

河川計画で計画流量を設定する際は「50 年に 1 度の洪水」のように，洪水の生起確率で対策規模が決定される。このように確率に基づいた現象の規模を確率規模といい，例の 50 年のような期間を再現期間(return period)と呼ぶ。対策規模は再現期間によって決定され，河川の規模や氾濫想定区域の重要度によって決まる。

図 2.5 は，日本の各地域における 30 年と 50 年に 1 度の日降雨量を示したものである。地域によって値が大きく異なり，北日本の河川では 50 年に 1 度の降雨でも 200mm/day を下回っているのに対し，台風の上陸が多い九州や四国南部では 300mm/day を超える地域も多く，実に 2 倍以上の差がある。そのため，降雨量ではなく再現確率を全国で用いることで効率的な河川整備を行っている。

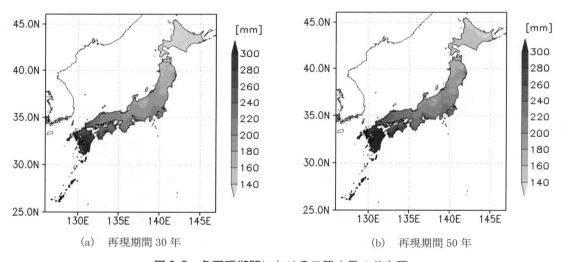

(a)　再現期間 30 年　　　　　　　　(b)　再現期間 50 年

図 2.5　各再現期間における日降水量の分布図

確率規模や再現期間は，過去の洪水や降雨事例から求めることになり，この統計解析を頻度分析（frequency analysis）という。一般に，頻度分析は降水・流量など様々な対象について行われるが，本節では降水量を例に挙げて解説する。

ある地点における年最大日降水量について，長期間にわたる観測の結果を 10mm ごとの生起回数として表すと図 2.6(a) のようになったとする。このように，事象の値幅ごとに生起頻度を示したものをヒストグラム（histogram）という。ヒストグラムは，観測数や幅の取り方によってグラフの形が変わるため普遍的な表現とは言えない。

そこで，このヒストグラムを観測総数で割ることで正規化し，離散化した情報を連続的に書き表すと図 2.6(b) のようになる。この曲線を確率密度関数 (probability density function, PDF) という。縦軸が確率ではなく "確率密度" になっていることに注意する。確率密度関数では，任意の値幅と縦軸によって形成される領域の面積が確率となる。例えば図 2.6(b) では，雨量がちょうど 100mm/day になる確率が 0.2 であるという意味ではなく，90mm/day から 100mm/day の間に入る確率が図中の面積 A に等しいという意味になる。同様に図中の面積 B は 130mm/day を超える確率を表している。ここに離散化されたヒストグラムを連続した関数に変換した利点がある。確率密度関数を得られれば，任意の値幅に対して生起確率を求められるのである。

さて，ここで降水量 x の事象が確率密度関数 $f(x)$ に従って生起するとした時の累積分布関数 $F(x)$ について考える。ここで累積分布関数 (cumulative distribution function) とは，図 2.6(c) のように確率密度関数上で最小値からの累積値を表したものであり，積分値であるため値は確率密度ではなく確率である。その結果，$F(x)$ は降水量が x を超えない確率に等しく，これを非超過確率 (non-exceedance probability) という。同時に $1-F(x)$ を超過確率 (exceedance probability) という。図 2.6(b) では，面積 B が 130mm/day に対する超過確率である。両者は下式のように表される。

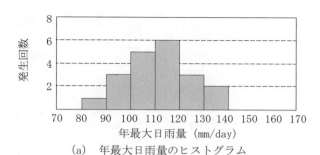

(a)　年最大日雨量のヒストグラム

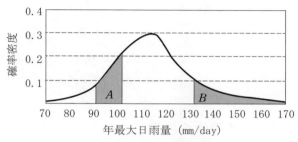

(b)　年最大日雨量の確率密度関数

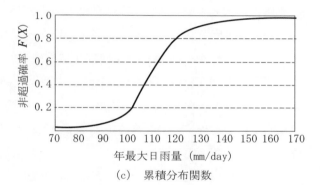

(c)　累積分布関数

図 2.6　各種の頻度分布図

$$F(x) = \int_0^x f(y)dy \quad (\text{非超過確率})$$
$$1-F(x) = \int_x^\infty f(y)dy \quad (\text{超過確率})$$

洪水のように一定の規模を超える災害が問題となる場合は超過確率，渇水のように一定規模を下回る事象が対象の場合は非超過確率に基づいて河川計画が行われる。

ここで，n 年間に一度だけ降水量 x を超える事象が生起する超過確率 $P(n,x)$ を考える。n 年間に一度生起するということは，$n-1$ 年は生起せず 1 年だけ生起する確率であるから，上

式を用いて

$$P(n,x) = F(x)^{n-1}(1-F(x))$$

となる。ここで$P(n,x)$のnに対する期待値を求めると，

$$T(x) = \sum_{k=1}^{\infty} kP(k,x) = \sum_{k=1}^{\infty} kF(x)^{k-1}(1-F(x)) = \frac{1}{1-F(x)}$$

となる。この時の$T(x)$が再現期間である。超過確率が$1/P$となるような事象が次に起こる平均的な時間はP年であることから，再現期間Tは超過確率$1-F(x)$の逆数として求められると考えることもできる。

　先の例で挙げた「50年に1度の降雨」とは，確率密度関数上で降水量xから無限大までの面積が$1/50$になるような降水量xということになる。以上のように，対象とする確率密度関数を求めることができれば，超過・非超過確率や再現期間を求められる。

2.2　水理学の基礎

　流体力学は気体や液体のように自由に形状を変える流体を扱う力学の総称であり，特に水についての分野を水理学という。高校物理などで習うのは主に質点系力学で，固体の全質量が質点と呼ばれる一点（基本的に重心）に集中していると仮想した場合の運動を扱っている。質点系力学と同様に流体にもニュートンの法則[7]が働くため，その運動は運動方程式で記述でき，エネルギー保存則と運動量保存則を満たす。しかし，流体は形が可変であり連続して存在しているため"一つの物体"としての定義ができないところに質点系力学との決定的な違いがある。断面内を流れる水の総和といった巨視的な扱いから，局所渦などを対象に流れの一部を切り出した微視的な扱いまで，目的に応じてその見方を変えなければならない。2.2節ではこのような流体力学の基礎を概説する。

2.2.1　質量保存の法則（連続式）

　水は密度を変化させることが無いため，非圧縮性流体（incompressible fluid）と呼ばれる。そのため水の質量保存則は体積の保存則に等しくなる。

　ここで，x, y, z方向の流速がそれぞれu, v, wである流れの中に，図2.7のようにx, y, z方向の長さが$\Delta x, \Delta y, \Delta z$である微小な直方体領域を仮想する。図中で塗りつぶされたx方向の二断面（断面積：$\Delta y \Delta z$）に着眼し，片面の流速のx成分をu_0とすると，流速差のx成分は図のように$\Delta x \dfrac{\partial u}{\partial x}$ で表されるから，i方向の二断面を通過する流量の差をΔQ_iとすると，

---

7 ニュートンの法則とは，慣性の法則（第一法則），力の定義（第二法則），作用反作用の法則（第三法則）の三法則である．

$$\Delta Q_x = \left(u_0 + \Delta x \frac{\partial u}{\partial x} \right) \cdot \Delta y \Delta z - u_0 \cdot \Delta y \Delta z = \Delta x \frac{\partial u}{\partial x} \cdot \Delta y \Delta z$$

と表される。ここで質量保存の法則より直方体領域内で水の収支はゼロとなるため

$$\Delta Q_x + \Delta Q_y + \Delta Q_z = 0$$

この各項は同様に計算すると，

$$\left(\frac{\partial u}{\partial x} + \frac{\partial v}{\partial y} + \frac{\partial w}{\partial z} \right) \cdot \Delta x \Delta y \Delta z = 0$$

よって，

$$\frac{\partial u}{\partial x} + \frac{\partial v}{\partial y} + \frac{\partial w}{\partial z} = 0$$

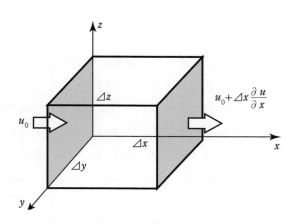

図 2.7 微小領域の質量保存

が得られる。上式は連続式（continuity equation）と呼ばれ，時空間的な流体運動の中で水の収支が合う質量保存を表している。連続式は様々な次元・スケールで適用でき，河川断面で積分することで，図2.8のように二断面間の質量保存則として次式が成立する。

$$A_1 V_1 = A_2 V_2 + q_l$$

ここで V_i は断面 i における断面平均流速，q_l は横流入量で，二断面間に河川内に流入する水量である。式は一次元の連続式であり，河川の複数断面間で流量の変化が横流入量 q_l に等しいことを示している。

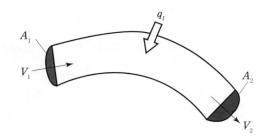

図 2.8 二断面間の質量保存

2.2.2 エネルギー保存則

質点系力学における力学エネルギーの単位は熱量［J］，つまり仕事量として扱われることが多く，これは質点が持つエネルギーが全て仕事に変わった際の熱量として示すことが有用だったためである。一方，水理学においてエネルギーは水頭（hydraulic head）を用いて表す。水頭は流体の全てのエネルギーが位置エネルギーに変わった際の高さであり，その単位は長さ［m］となる。質点系力学における位置エネルギー，速度エネルギーは位置水頭，速

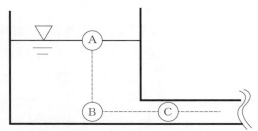

	A点	B点	C点
位置水頭	大	0	0
速度水頭	小	小	大
圧力水頭	0	大	小

図 2.9 水槽のエネルギー保存

度水頭と表記され，加えて水理学では圧力水頭を考慮する必要がある。また，これら全ての力学エネルギーの総和を全水頭と呼ぶ。

　ここで，図2.9のような二つの水槽に管路[8]が接続している場合を考える。摩擦を考慮しない場合，A～Cの各点で全水頭は保存される。まずA点とB点について，2点間では水槽の半径が変わらないため連続式により流速は一定，つまり速度水頭が変化しない。そのためAからBに至る位置水頭の変化は全て圧力水頭に変換される。これは圧力が水頭であることを示す端的な例である。図の水槽内において圧力は文字通り水頭，つまり水位と等価であるため，水槽全体でエネルギー量が一定になるのである。次にB点とC点について，最大の変化は通水半径の変化であり，連続式によりC点で速度水頭が大きくなる。位置水頭は変わらないため，速度水頭の増分は圧力水頭から変換されることになり，よって水槽から管路に入ると圧力が下がることが分かる。これらのエネルギー変換を表したものが図中の表であり，流れの中で力学エネルギーが変換されていく様子が示されている。

　以上のエネルギー変換について数式で表すと，

$$H = \frac{v^2}{2g} + h + \frac{p}{\rho g} = (\text{一定})$$

　ここに，H：全水頭，h：高さ，v：断面平均流速，p：圧力，g：重力加速度，ρ：水の密度である。式はベルヌーイの定理（Bernoulli's law）といい，A～C点だけでなく全ての点において成り立つ。流体力学におけるエネルギー保存を表す基本定理となっている。

2.2.3 運動量保存則

　図2.10のように曲がった水路を考える。もしある人がこの水路の⒜地点で水路を支えていたとすると，水が流れた瞬間から図中の矢印と逆向きの力を受けると想像できるだろう。同様に流体自身も，作用反作用の法則により水路から矢印方向の力を受けているからこそ流れの方向を変える。では，流体は外力を受けてその流れをどのように変え，また水路が曲がる角度に対して外力の大きさはどれくらいなのだろうか。

　このような問いには流体の運動量保存則が役に立つ。質点系力学において運動量は質量と速度の積として定義され，その変化は力積に等しいとされていた。一方，流体において運動量保存則の式を立てる時には，図のように曲がり前後の各断面の水圧を外力として考慮する必要がある。なお流体力学では，図のように運動の変化を対象区間前後の断面間の

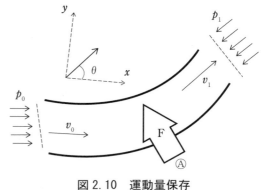

図2.10　運動量保存

---

8 管路とは，断面が大気と接しない閉じた流路である。

比較で記述することが多い。ここで設定した断面を検査面（test section）と呼び，検査面間で挟まれた領域をコントロールボリューム（control volume）と呼ぶ。

　流体の運動量は，

$$M = \rho Q v$$

で表される。ここに，M：単位時間の運動量，ρ：水の密度，Q：流量，v：流速である。　ρQ が単位時間に断面を通過する水の質量である。水理学では，運動量を単位時間当たりで取り扱う。式に基づいて図2.10についての運動量保存の式を立てると，運動量がベクトルであるためｘｙ方向それぞれについて，

$$F \cos\theta - p_1 A_1 \cos\theta + p_0 A_0 = \rho Q(v_1 \cos\theta - v_0)$$

$$F \sin\theta - p_1 A_1 \sin\theta + 0 = \rho Q(v_1 \sin\theta - 0)$$

が成立する。ここに，F は流体が水路から受ける外力，θ は水路の曲がり角度，v_i は断面 i における流速，p_i は断面 i における圧力，A_i は i 断面における断面積である。図の外力は，式に加えて連続式，エネルギー保存式を立てることで解くことができる。

2.2.4　静水圧

　水が流れていない時，鉛直方向の水圧分布は下式や図 2.11 のように線形的に変化する。

$$p = \rho g(h - z)$$

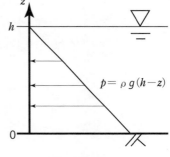

図 2.11　静水圧

ここに，p：圧力，ρ：水の密度，g：重力加速度，h：水深，z：鉛直方向の座標。このように水圧が深さに対して線形的に変化する場合を静水圧（hydrostatic pressure）という。

　開水路流でも流速が急激に変化しない場合には，鉛直方向の水圧分布は静水圧と仮定できる場合が多く，これを静水圧近似（hydrostatic approximation）と呼ぶ。

2.2.5　射流と常流

　十分に長い広幅開水路に水が流れている場合を考える。底面からの全水頭を表すと，

$$H_0 = \frac{v^2}{2g} + h$$

が成立する。ここに，v：断面平均流速，g：重力加速度，h：底面からの高さである。式のように，底面を位置エネルギーの基準とした時のエネルギーを比エネルギー（specific energy）と呼ぶ。ここで単位幅流量 q を用いると，式は

$$H_0 = \frac{q^2}{2gh^2} + h$$

となる。ここでqを一定として，比エネルギーH_0をhで微分すると下式ができる。

$$\frac{\partial H_0}{\partial h} = -\frac{q^2}{gh^3} + 1 = -\frac{v^2}{gh} + 1$$

よって，比エネルギーと高さの関係は下式のフルード数（Froude number）を用いると，

$$Fr = \frac{v}{\sqrt{gh}}$$

① Fr=1の時，比エネルギーが最小

② $Fr > 1$の時，hが大きいほどH_0も大きくなる

③ $Fr<1$の時，hが小さいほどH_0は大きくなる。

となる。この式から求められるhとH_0の関係を図2.12に示す。

①の時の水深を限界水深（critical water depth）h_cと呼び，流量を最小の比エネルギーで流すことができる。これをベスの定理（Böss's theorem）という。限界水深条件下ではFr=1から速度水頭は

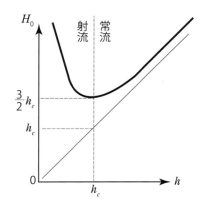

図2.12　比エネルギーと水深

$$\frac{v^2}{2g} = \frac{gh_c}{2g} = \frac{h_c}{2}$$

が成り立つため，全水頭に対する位置水頭の比は

$$\frac{h_c}{H_0} = \frac{h_c}{h_c + v^2/2g} = \frac{h_c}{h_c + h_c/2} = \frac{2}{3}$$

が成立し，全水頭の2/3であることが分かる（図中では比エネルギーが位置水頭の3/2であることが表されている）。

次に②，③の時の流れをそれぞれ射流，常流と呼ぶ。同じ比エネルギーに対して二つの水深が存在するが，射流では水深が低下するほど比エネルギーが増加し，速度水頭の増加が顕著になる一方で，常流では比エネルギーの増加は水深の増加を意味する。

射流は下流側の影響をほとんど受けずに流れ下る。逆に常流は下流側の影響が上流側に伝搬する。実河川において射流は斜面勾配が大きく流速が速い河川上流などで見られる。一方で，常流は下流側の水深が高い影響でゆったりと流下する流れである。

2.3　開水路

河川の流れは，上面が大気と接しているため水圧が大気圧と等しくなる。このような水面を自由水面（free surface）といい，自由水面を持つ水路を開水路（open channel），その

時の流れを開水路流（open channel flow）という。その一方で，管路（pipe）内の流れを管路流（pipe flow）と呼び，開水路流と対比される。

　開水路流の水理学は，洪水時の河川水位の変化や土砂輸送，橋脚部の洗堀などのように様々な現象を取り扱う。目的に応じて，流下方向一次元に流れを平均化した簡略的な解析や，精緻な三次元解析を橋脚周りの局所流に適用する解析もある。

2.3.1　平均流速公式

　流れ方向が一様な十分に長い開水路に水が流れている状態を考える。横流入が無いとき流れは自然と定常等流，つまり時空間的に流速・水深が変化しない状態となる。これは流体にかかる重力と水路壁面からの摩擦力が釣り合っている状態といえる。流速は摩擦力と水路勾配の関数となり，この時の断面平均流速を推定したものが平均流速公式である。等流を仮定するため等流公式とも呼ばれている。下記にその代表的なものを示す。

（a）マニングの平均流速公式

$$U = \frac{1}{n} R^{2/3} I_b^{1/2}$$

（b）シェジーの平均流速公式

$$U = CR^{1/2} I_b^{1/2}$$

（c）対数分布式に基づく平均流速公式

$$U = \left(6.0 + 5.75 \log_{10} \frac{R}{k} \right) u_*$$

（d）摩擦損失係数による平均流速公式

$$U = \sqrt{\frac{2g}{f}} \cdot R^{1/2} I_b^{1/2}$$

　ここに，U は断面平均流速，n はマニングの粗度係数，R は径深，I_b は水路勾配，C はシェジーの係数，k は粗度，u_* は摩擦速度，g は重力加速度，f は摩擦損失係数である。径深 R は，A：断面積，S：潤辺のとき

$$R = \frac{A}{S}$$

と定義される。ここで潤辺 S とは流れの横断面上で流れと水路の接地長さであり，摩擦に寄与している長さといえる。長方形断面の場合は水路幅 B と水深 h を用いて $B+2h$ で表される。一般に，一級河川のような大きい河川では広幅長方形断面を仮定できることが多く，この場合は $R \fallingdotseq h$ となる[9]。式中でマニングの粗度係数とシェジーの係数は単位を持っているた

9　長方形断面では径深 R が $R=Bh/((B+2h))$ となる。河道が広幅である場合には $B \gg h$ となるため $B+2h \fallingdotseq B$ となり，$R \fallingdotseq h$ が得られる。

め，適用時には単位に注意が必要である。

　上式の中で特にマニングの平均流速公式は，等流時の流速を良好に再現するため現在も日本を含めて世界中で使われている。元々は経験式であったが，水理学を用いた流速の対数分布から理論的に説明することもできる。平均流速公式は断面平均流速を水路壁面との摩擦と水路勾配から推定する式であると言え，式が成り立つ場合には後述するように式を I_b について解くことで平均流速からエネルギー勾配の推定に用いられることもある。ここで，式中で最も重要となるのは摩擦力を決定する粗度係数である。粗度係数は水の流れにくさを表す係数であり，水路表面の材質や植生の有無などによって決定される。主な水路材質と粗度係数 n の関係を示したのが表 2.2 である。

　(d) の式は，摩擦損失水頭を求めるための経験式ダルシーワイスバッハ式

$$I_f = f \frac{1}{R} \frac{v^2}{2g}$$

より求められるものである。ダルシーワイスバッハ式は，摩擦によるエネルギー損失を，摩擦損失係数を用いて経験的に求めたものである。摩擦損失係数さえ設定すれば容易にエネルギー損失を推定できることから幅広く使用されている。開水路における摩擦損失係数は，マニング式などと同様に水路の材質や植生の有無によって決定される。

　平均流速公式は，簡略的に摩擦の効果を考慮することで等流条件下の平均流速を推定する。実際には河道の状態は空間的に異なるため，表 2.2 のように一意的に粗度係数を決めることは難しい。また適用時には，蛇行や川幅の変化などによる細かなエネルギー損失があり，これらも摩擦損失の範疇としてマニング則からの粗度を用いて推定することとなる。そのため，粗度係数は過去の出水事例を逆算するなどして川ごとに求めている。

表 2.2　マニングの粗度係数 $[m^{-1/3} \cdot s]$

水路の種類	材　質	値
管路	真ちゅう管	0.009～0.013
	鋳鉄管	0.011～0.015
	コンクリート管	0.012～0.016
人工水路	滑らかな木材	0.010～0.014
	コンクリート	0.012～0.018
	切石モルタル積	0.013～0.017
	粗石モルタル積	0.017～0.030
	土の開削水路（直線等断面）	0.017～0.025
	土の開削水路（蛇行不等断面）	0.023～0.030
	岩盤に開削した水路（滑らか）	0.025～0.035
	岩盤に開削した水路（粗い）	0.035～0.045
自然河川	線形，断面とも規則正しい，水深大	0.025～0.033
	線形，河床が礫，草岸	0.030～0.040
	蛇行していて，淵瀬あり	0.033～0.045
	蛇行していて，水深小	0.040～0.055
	水草が多いもの	0.050～0.080

表2.3　平均流速公式のレベル分類

レベル	断面	潤辺内粗度	干渉効果
1	単断面流れ	粗度一様	無
1a	単断面流れ	粗度変化	無
2	複断面流れ	粗度変化	無
2a	複断面流れ	粗度一様	無
3	複断面流れ	粗度変化	有

　同一河道断面内で形状によって，流れが複数ある場合を複断面流れ，同一の流れと見なせる場合を単断面流れという。前述した平均流速公式は，粗度が一様な単断面での算定式である。実河川では，複断面である場合や粗度が一様でない場合など様々である。平均流速公式は厳密には粗度一様の単断面に対して適用されるべきであるが，簡便な手法であるため断面が複雑である場合でも表2.3のように断面を仮定した上で用いられる。表中の干渉効果とは，粗度の変化や樹木群などによって横断方向に流速差が生じ，横断方向の混合によって全体の流水抵抗が増大する効果である。この現象は複雑な流れを持つが，一次元流れに平均化することによって簡易的な平均流速公式で計算できる。

　レベル1aの場合の平均流速Uは，下式のように単一の式で表される。

$$U = \frac{A^{2/3}}{(\Sigma S_i \cdot n_i^{3/2})^{2/3}} I_b^{1/2}$$

　ここに，S_i：区間iにおける潤辺，n_i：区間iにおける粗度係数である。平均流速公式における粗度と径深の2/3乗の積について，粗度ごとに潤辺を計算して足し合わせることで粗度の非一様性を考慮している（図2.13）。

　レベル2の場合は，粗度も断面も分ける必要があるため，断面平均流速を単一の式から表すことはせずに，分割された断面ごとにマニング式を立てて計算することとなる（図2.14）。

$$U_i = \frac{1}{n_i} R_i^{2/3} I_b^{1/2}$$

　ここに，U_i：断面iにおける平均流速，n_i：断面iにおける粗度係数，R_i：断面iにおける径深である。一方で，潤辺内で粗度が一様となるレベル2aの場合には合成径深R_cを用いることで，断面全体の平均流速を計算する。

$$R_c = \left(\frac{\Sigma_{i=1}^{n} R_i^{2/3} \cdot A_i}{A} \right)^{3/2}$$

$$U = \frac{1}{n} R_c^{2/3} I_b^{1/2}$$

このように合成径深を求める方法を井田法と呼ぶ

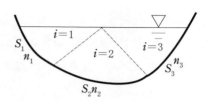

図2.13　レベル1a断面

境界が水同士の場合は径深で考慮しない

図2.14　レベル2断面

（井田，1960）。

　以上は，横断方向の流速が無視できるほど小さいために断面を分割してそれぞれについて平均流速を求められる仮定の下で成り立っている。この仮定が成り立たない場合，干渉効果を考慮した次のレベル3の平均流速公式が必要である。

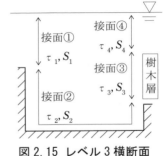

図2.15 レベル3横断面

　複断面内にある図2.15のような区間を考える。この時，隣の区間との干渉効果が生じる接面①，③，④における摩擦力は，下式のように表される。

$$\tau_i = \rho \cdot f \cdot (U'-U)^2$$

ここに，τ_i：接面iにおけるせん断力，U'：接している区間の平均流速，ρ：水の密度，f：境界混合係数である。接面③のように樹木層と接している場合にU'はゼロとなる。式のτ_iは流れ方向を正としており，U'の方が速い場合には流れ方向に力を受けることになる。また，接面②における河道壁面とのせん断力τ_2は，平均流速公式から下式のように表される。

$$\tau_2 = \rho g \frac{n_2 \, U_2^2}{R_2^{1/3}}$$

　ここで，流れは等流条件であるため力の釣り合い式が成り立つ。全ての摩擦力は河床勾配に起因する断面区間内の水の重力の勾配方向成分と等しいので，力の釣り合い式は下式のようになる。

$$\sum (\tau_i \cdot S_i) = AI_b \rho g$$

ここに，R_i：断面iの径深，A：対象区間の断面積である。τ_iが流速の関数であるため，上式は平均流速公式の形になっている。干渉効果が無く，τ_2の壁面摩擦のみであった場合はレベル2の平均流速公式と一致する。

2.3.2 開水路流モデルの種類

　開水路中の水の流れは時空間的に複雑な挙動を示しているが，河川工学においてその全てを精緻に解析することは稀である。例えば，豪雨時の河川水位の変化から避難誘導やダム操作を決定する際，流域全体という広域を対象に水の集水を迅速に推定する必要がある。この場合では，河川流を簡易的な一方向の流れとみなした一次元モデル（one dimensional model）を用いる。一次元モデルでは流下方向の巨視的な流れを対象とし，流速や圧力といった全ての物理量が横断面内の平均値として解析される。その一方で，河川の特定の区間を対象に氾濫時の状況を考察する場合や，河川の湾曲部や合流点などで流れの集中や止水域（dead water region）ができる場合，橋脚部付近の局所洗堀を対象とする場合などでは，平面二次元や三次元のモデルを用いて緻密な流れを解析することとなる。ここで止水域とは，河道内で主流方向への水の疎通に関係のない水域のことである。

　この他にも，流れの時空間的変化の有無を基に簡易化することもある。流速や水深が時間

変化しない場合を定常流(steady flow)，時間変化する場合を非定常流(unsteady flow)という。さらに，定常流は流れ方向にも一様な等流（uniform flow）と一様でない不等流（non-uniform flow）に分けられる。

　空間的な流速変化の大きさによっても流れを分類できる。流速の変化が緩慢な場合を漸変流（gradually varied flow）といい，一方で急激に変化する場合を急変流（rapidly varied flow)という。河川では多くの区間を漸変流に近似でき，静水圧に近似できる点や，エネルギー損失を等流条件で与えられるなどの利点がある。急変流では流れの中に発生する渦により鉛直方向の圧力分布が複雑になり，より多くのエネルギー損失をもたらすため精緻な解析が必要になる。

　今まで述べてきたように，開水路流れは一方向に流下しているように見える場合でも，実際には横断方向・鉛直方向に複雑な流れがある。理想的には全ての流れを流体力学的に厳密に解くことが良いようにも思えるが，求める精度が異なり，解析時間や入力条件の制約などから解析の目的によって簡略化して解いても良い。開水路流れは，その簡略化によって幾つかの種類に分けられる。

2.3.3　一次元開水路流れ

（a）一次元不定流

　流入量が無く漸変流の場合，一次元開水路の非定常流について，連続式・運動方程式は次式のように表される。

$$\frac{\partial A}{\partial t} + \frac{\partial Q}{\partial x} = 0$$

$$\beta\frac{\partial U}{\partial t} + \frac{\alpha}{2}\frac{\partial U^2}{\partial x} + g\frac{\partial h}{\partial x} = g(I_b - I_e)$$

　ここに，A：流れの断面積，Q：流量，U：断面平均流速，g：重力加速度，h：河床からの水位[10]，I_b：河床勾配，I_e：エネルギー勾配，x：流れ方向の座標，t：時間，α：エネルギー補正係数，β：運動量補正係数である。運動方程式の各項は，左辺第 1 項：場の加速度，左辺第 2 項：速度水頭勾配，左辺第 3 項：位置水頭勾配，右辺は水面勾配を表している。α と β は本来三次元の流れを一次元平均流速に統一化することによってエネルギー保存則・運動量保存則に生じるずれを補正する係数で，u をある点の流速とすると下記のように定義される。

$$\alpha = \frac{1}{A}\int\frac{u^3}{U^3}\,dA$$

$$\beta = \frac{1}{A}\int\frac{u^2}{U^2}\,dA$$

10　水位とは基準点からの水面の高さを表している。基準点は，日本において東京湾隅田川河口の水位の平均値（Tokyo Peil，T.P.）を採用することが多い。その観測は，近年では主に水圧式水位計が採用されている。河川の水圧を観測し，気圧の影響を除去することで水深を求めている。

　ここで漸変流を仮定し，静水圧近似が成立するとする。式において最も推定が困難なのはエネルギー勾配 I_e であるが，漸変流の場合には平均流速公式が成り立つとして下式が得られる。

$$I_e = \frac{n^2\,U^2}{R^{4/3}}$$

ここで $\alpha = \beta = 1$ とし，水位 $H=h+z_b$（ただし，z_b：河床高さ）を用いると，

$$\frac{1}{g}\frac{\partial U}{\partial t} + \frac{1}{2g}\frac{\partial U^2}{\partial x} + \frac{\partial H}{\partial x} + \frac{n^2\,U^2}{R^{4/3}} = 0$$

が得られる。これが一次元漸変非定常の運動方程式である。第1項は加速度項，第2項は速度エネルギーのx方向の変化，第3項は位置エネルギーのx方向の変化，第4項はエネルギーの摩擦による損失を表しており，エネルギー保存則の形をしていることが分かる。

（b）　一次元不等流

　定常不等流の場合には，前項の一次元非定常流の式の時間微分の項が全て消去される。

$$\frac{\partial Q}{\partial x} = 0$$

$$\frac{1}{2g}\frac{\partial U^2}{\partial x} + \frac{\partial H}{\partial x} + I_e = 0$$

となる。これが一次元漸変定常不等流の連続式，運動方程式である。エネルギー勾配 I_e は，平均流速公式だけでなく，底面との摩擦力を用いて

$$I_e = \frac{\tau_r}{\rho\,gA}$$

と表される場合もある。ここに，τ_r：単位長さの河道の河床に作用する摩擦力である。

（c）　一次元等流

　等流条件では，流速や水位が時間的・空間的に変化しないため，式中の x に関する微分項が省略される。結果として運動方程式は下式のようになり，非定常流や不等流と比較して大幅に省略されていることが分かる。

$$I_b - I_e = 0$$

　上式は，河床勾配による位置エネルギーの変化がエネルギー勾配に一致していることを示し，流れに働く重力と河床との壁面上で生じる摩擦力が釣り合っていることを表す。

2.3.4　二次元開水路流れ

　二次元不定流計算では，一次元と同様に漸変流を仮定し静水圧近似を行うと共に，鉛直方向には平均流速をたてる。その一方で，一次元では無視していた横断方向の流速についても考慮する。連続式と運動方程式は次式のようになる。

$$\frac{\partial h}{\partial t} + \frac{\partial (Uh)}{\partial x} + \frac{\partial (Vh)}{\partial y} = 0$$

$$\frac{\partial U}{\partial t} + U\frac{\partial U}{\partial x} + V\frac{\partial U}{\partial y} = F_x - g\frac{\partial h}{\partial x} + \frac{1}{h}\frac{\partial}{\partial x}\left[-h\overline{u'^2}\right] + \frac{1}{h}\frac{\partial}{\partial y}\left[-h\overline{u'v'}\right] + \frac{\tau_{sx} - \tau_{bx}}{\rho h}$$

$$\frac{\partial V}{\partial t} + U\frac{\partial V}{\partial x} + V\frac{\partial V}{\partial y} = F_y - g\frac{\partial h}{\partial y} + \frac{1}{h}\frac{\partial}{\partial x}\left[-h\overline{u'v'}\right] + \frac{1}{h}\frac{\partial}{\partial y}\left[-h\overline{v'^2}\right] + \frac{\tau_{sx} - \tau_{bx}}{\rho h}$$

ここに u', v' は x, y 方向の平均値からのずれ，τ_s, τ_b は底面・水表面に作用するせん断力である。右辺 3，4 項はレイノルズ応力（Reynolds stress）と呼ばれ，鉛直方向の平均流速 U, V のみで非線形な計算を行っているために，平均値からの乱れ成分 u', v' によって生じる見かけ上の力である。このレイノルズ応力を外力の一部と考えレイノルズ応力を含めた外力 F' を用いると，

$$\frac{\partial U}{\partial t} + U\frac{\partial U}{\partial x} + V\frac{\partial U}{\partial y} = F_x' - g\frac{\partial h}{\partial x} + \frac{\tau_{sx} - \tau_{bx}}{\rho h}$$

$$\frac{\partial V}{\partial t} + U\frac{\partial V}{\partial x} + V\frac{\partial V}{\partial y} = F_y' - g\frac{\partial h}{\partial y} + \frac{\tau_{sy} - \tau_{by}}{\rho h}$$

が得られる。

平面二次元モデルは，水深の平面分布や横断方向の流れが卓越する一方で，鉛直方向の流れを微小とできる場合に適用される。

平面二次元解析は一次元解析とは異なり，特に横断方向で平均流速や水位に差がある場合や，横断方向の水の流れが無視できない場合，平面渦がある場合などにおいて適用される。このような二次元性の強い河川内流れの一つとして，二次流（Secondary flow）が挙げられる。今までは河道が直線の開水路を想定していたが，現実河川では湾曲区間に遠心力

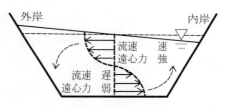

図 2.16　湾曲部における二次流のらせん構造

が働く。そのために湾曲部には僅かに横断方向の水面勾配が生まれて力の釣り合いが保たれ，これによって生じる流れを二次流という。二次流は厳密には河川の鉛直方向の流速差から遠心力の大きさに違いが生まれるため，三次元的ならせん構造になっている。図 2.16 のように，流速が早い河川上部は遠心力により外側に力を受け，遠心力が比較的弱い河川下部は質量保存により内岸側に移動する。流心という流速が最大となる区間は外岸側に移動し，外岸・内岸側でそれぞれ洗堀・堆積が進むこととなる。

2.3.5　三次元流れ

河川構造物周辺や河道湾曲部周辺などでは流れが複雑になり，横断・鉛直・流下方向に

変化する。橋脚周辺には馬蹄形渦（horse-shoe vortex）やカルマン渦といった三次元性の強い渦現象が卓越する（図2.17）。馬蹄形渦は橋脚の上流側底面付近より渦が発生し，橋脚の側方を流れ下る過程で洗堀を生じさせ，橋脚の上流側から側方にかけて現れる渦であり，橋脚周りの局所洗堀に影響するため工学的に重要な現象である。その際の渦の形状が馬のひずめに似ていることから馬蹄形渦と呼ばれる。

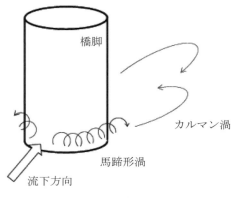

図2.17　橋脚周りの三次元流れ

　流れと壁面付近との間の摩擦によって生じる乱流も複雑な構造を有する。乱流は一見するとランダムに発生しているようであるが，乱流が発生している壁面付近において組織的かつ周期的な渦が発生しており，これをバースティング現象（Bursting phenomena）と呼ぶ。バースティング現象は壁面からの物質輸送の主因となっているため，浮遊砂の輸送過程において重要な現象である。

　三次元解析は計算負荷が大きいため，多くは必要となる区間のみで限定的に解析される。計算負荷を抑えるため，静水圧を仮定した準三次元解析が行われることも多い。

2.3.6　洪水波解析

　洪水波（flood wave）とは，流域内の一部地域の降雨流出によって生じる本川の水位上昇を波と考えたものであり，その波が斜面や河道を伝搬する過程は防災上重要である。

　図2.18のように，降水量の時系列をハイエトグラフ（Hyetograph）といい，流量の時系列をハイドログラフ（Hydrograph）という。ハイエトグラフは降水が不連続のため棒グラフで，ハイドログラフは流量が連続のため折れ線グラフで表現する。降雨量を入力としてハイドログラフを推定することは流域スケールの一次元開水路解析や洪水波解析における重要な目的の一つである。このハイドログラフの解析手法は，大きく分布型解析と集中型解析に分けることができる。分布型解析は連続式や運動方程式を用いて空間的に解析する。一方で集中型解析手法は概念モデルを使い，途中のプロセス自体には着目せずに入力（降雨量）と出力（流出量）間の関係式を経験的に求めて流出量を計算する手法である。経験的手法では流域内のプロセスがブラックボックスとなるが，簡便でありかつ迅速に解析できる利点がある。

　図2.19の2式は洪水波の理論解析を行う上での基礎式である。開水路の一次元不定流を記述する基礎方程式は前述したが，今回は横流入量 q_L を考慮すると共に，運動方程式において摩擦力 τ_b と河床勾配 I_b を用いて表現している。

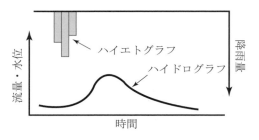

図2.18　ハイドログラフ・ハイエトグラフ

$$\frac{\partial A}{\partial t} + \frac{\partial Q}{\partial x} = q_l \quad (連続式)$$

$$\frac{1}{g}\frac{\partial u}{\partial t} + \frac{u}{g}\frac{\partial u}{\partial x} + \frac{\partial h}{\partial x} + \frac{uq_l}{gA} - I_b + \frac{\tau_b}{\rho\,gR} = 0 \quad (運動方程式)$$

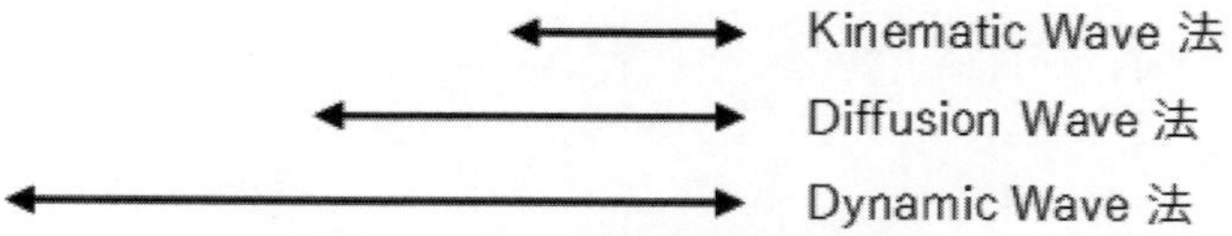

⟷ Kinematic Wave 法

⟷ Diffusion Wave 法

⟷ Dynamic Wave 法

図 2.19　サンブナンの式

ただし，A: 断面積，Q: 流量，q_l:横流入量，u:流速，g:重力加速度，h:水深，I_b:河床勾配，τ_b:底面摩擦力，ρ:水の密度，R:径深，x:流れ方向の距離，t:時間である。

　ここに運動方程式において，第一項の加速度水頭勾配，第二項の速度水頭勾配，第三項の水深勾配までは 2.3.3(a) で示した一次元不定流の形と同様であるが，他のエネルギー勾配・摩擦に関する項について，第四項の横流入による運動量，第五項の河床勾配，第六項の摩擦勾配が異なる。上記 2 式を合わせてサンブナンの式（Saint Venant equation）と呼ぶ。

　上式の下部に示した矢印は，後述する 3 種類の洪水波解析手法のそれぞれについて運動方程式の各項のどこまでを考慮しているかを示している。運動方程式の全てを省略せずに解く場合は力学波（Dynamic wave）法といい，緻密な数値計算を行うこととなる。しかし，前述の通り，より緻密な解析は計算負荷が大きくなり限界がある。流れによっては幾つかの項を無視できるほど小さい場合がある。そこで幾つかの項を無視した近似解として，拡散波（Diffusive wave）法や，運動波（Kinematic wave：キネマティックウェーブ）法がある。キネマティックウェーブ法は，運動方程式の中で時空間に関する微分の項が省略されているが，時間依存の変数が残っているため準定常流（quasi-steady flow）とも言われる。

　これより，洪水流解析で広く利用されているキネマティックウェーブについて解法を説明する。横流入 q_l が無いと仮定し，連続式について水路幅を単位幅とすることで流量 Q に代わって単位幅流量 q を用い，運動方程式について時空間に関する微分の項を消去すると，

$$\frac{\partial h}{\partial t} + \frac{\partial q}{\partial x} = 0$$

$$\frac{\tau_b}{\rho\,gR} = I_b$$

が得られる。特に運動方程式は大幅に省略されており，河床勾配によって流体に働く重力が摩擦力と釣り合うことで定常流を表現している（図2.20）。

　ここで，エネルギー勾配として平均流速公式マニング式を導入する。

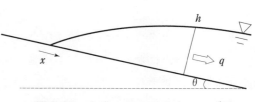

図 2.20　キネマティックウェーブ法

$$U = \frac{1}{n} R^{2/3} I_e^{1/2}$$

ここに，n：マニングの粗度係数，U：平均流速，I_e：エネルギー勾配でありキネマティックウェーブ法では河床勾配 I_b に等しい。n は摩擦を表す定数である。河道の幅 B が水深 h に対して十分に大きい時，径深 R は

$$R = \frac{Bh}{B+2h} \fallingdotseq \frac{Bh}{B} = h$$

と仮定でき，キネマティックウェーブ法では摩擦勾配が河床勾配に等しいので，両辺に h を乗じることで

$$q = Uh = \frac{1}{n} h^{5/3} I_e^{1/2}$$

が得られる。ここで q は単位幅流量である。これを連続式に代入すると，

$$\frac{\partial h}{\partial t} + \frac{\partial}{\partial x} \left(\frac{1}{n} h^{5/3} I_e^{1/2} \right) = 0$$

$$\frac{\partial h}{\partial t} + \frac{5}{3} \frac{1}{n} h^{2/3} I_e^{1/2} \frac{\partial h}{\partial x} = 0$$

$$\frac{\partial h}{\partial t} + \frac{5}{3} U \frac{\partial h}{\partial x} = 0$$

となる。波速 C を持つ一階の波動方程式は

$$\frac{\partial h}{\partial t} + C \frac{\partial h}{\partial x} = 0$$

であることから，キネマティックウェーブでは，洪水波が $5U/3$ で下流側に伝搬することを示している。キネマティックウェーブにおいて洪水波が等流の平均流速 U より早く伝搬することを表している。以上の伝搬特性をクライツ・セドン（Kleitz-Seddon）の法則という。

一般的にキネマティックウェーブにおいて単位幅流量は下記のように表される。

$$q = \alpha h^m$$

マニング則が成り立つ場合に各係数の値が

$$\alpha = \frac{1}{n} I_e^{1/2} \quad m = \frac{5}{3}$$

となる。

キネマティックウェーブの簡便な点は，式から分かるように流量が水深に対して一意的に決まるという点にある。流れが下流側の水位の影響を受けないため上流端から下流へ向けて順に水深を計算できる。日本のように，勾配が急な河川における洪水現象を良く表しており，そのため洪水流の解析に広く利用されている。

2.3.7 集中型モデル

降雨を洪水流出に変換する関係式には，元来様々な手法が提案されており，2.3.6 節に挙げた水理学に基づく理論的解法はその中の一つで物理モデル（physical model）という。一方，降雨量と流出量の過去の観測データなどから経験的な関係式を求める場合を概念モデル（conceptual model）という。また別の分類方法として，モデルの定数を流域内で均一とする集中型モデル（lumped model）と，その空間分布を考慮する分布型モデル（distributed model）がある。集中型モデルでは水理量の空間分布を考慮せず，対象とする地点の水理量の時間変化のみを算出する。その一方，分布型モデルは空間的に一連の水の流れを考慮しているため，任意の場所・時間における水理量を推定できる。

本節では上記の中で集中型モデルの例を解説する。これらは過去の実績に基づいて経験的に定数（パラメータ）が決定されている。

（a）合理式

合理式（rational formula）は物部式や洪水尖頭流量公式とも呼ばれ，ピーク流量を降雨量から推定する手法で，下式によって表される。

$$Q_{\mathrm{peak}} = \frac{1}{3.6} fRA$$

ここに，Q_{peak} は対象地点でのピーク流量 $[\mathrm{m^3/s}]$，f は流出係数，R は洪水到達するまでの流域平均降雨強度 $[\mathrm{mm/hr}]$，A は流域面積 $[\mathrm{km^2}]$ で，$1/3.6$ は単位を合わせるための係数である。この式は，流域全体に降雨量 R が長い時間降り続けた場合に f の割合でピーク流量になることを示している。ここで流出係数とは降雨量のうち河川流量に寄与する割合を表しており，現実には流域の土地被覆や降雨の時空間変化などで変わり得る幅のある値である。合理式は，重要なピーク流量を簡便に推定できるが，流域面積が大きい場合には流域内で降雨地点から流出地点までの洪水到達時間にばらつきが生じるため適用できない。通常は住宅地や造成地の排水設計などのように流域面積が小さい場合に用いられている。表 2.4 に物部による日本河川における流出係数の値を示す。

表 2.4　日本の合理式における流出係数

流域の状況	流出係数
急峻な山地	0.75-0.90
三紀層山地	0.70-0.80
起伏がある土地および樹林	0.50-0.75
平坦な耕地	0.45-0.60
灌漑中の水田	0.70-0.80
山地河川	0.75-0.85
平地河川	0.45-0.75
流域の半ば以上が平地である大河川	0.50-0.75

(b) 貯留関数法

貯留関数法（storage function method）は，流域を一つの貯水池と見立て，貯留関数と呼ばれる流出量 Q と貯留量 S の関係を運動方程式とし，連続式と組み合わせて流出量を推定する方法である。

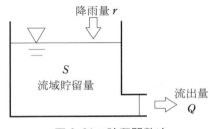

図2.21　貯留関数法

図2.21のような貯水池を考えた場合，流出量 Q と流域貯留量 S の関係は，係数 k, p を用いて下式が成立する。

$$S=kQ^p$$

これを貯留関数（storage function）といい，S と Q の次元はそれぞれ長さ，速度である。式から分かるように，係数 k, p には次元があることに注意が必要である。一方，貯水池内の水収支についての連続式を立てると，降雨量 r の時に，

$$\frac{dS}{dt}=r-Q$$

が得られる。上記の2式より，

$$\frac{dQ}{dt}=\frac{1}{kp}(r-Q)Q^{1-p}$$

が得られる。木村は日本各地の貯留関数を調べた結果，$k=40.3$，$p=0.5$ を得ている（木村，1960）。

貯留関数法は簡便でかつ流量予測の適合性から，国土交通省の標準モデルとなっており，多くの河川の治水計画や利水計画に利用されている。貯留関数法は一つの貯水池として見立てられる最大の流域面積まで適用できる。木村は流域面積 $1000\mathrm{km}^2$ 程度，流路長で $100\mathrm{km}$ 程度ならば十分な精度を得られるとしているが，実例では $300\mathrm{km}^2$ 以下の小流域に分割して適用すると良い精度が得られる。

(c) タンクモデル

貯留関数法と同様に，菅原は流量が流域の貯留量に関係すると考えた（菅原，1961）。図2.22のように流域の貯留量と流出量を4〜5段のタンクで表現し，上から順に降雨からの応答が速い流出を表現しているので，短期流出から長期流出を高い再現性でモデル化できる。個々のタンクは，初期条件としてタンクの水位，パラメータとして流出口の高さと流出口の流出係数がそれぞれ設定されている。水面から各流出口の深さと流出量の間に線形の関係式が設定されている。個々の流出量は線形の関係式で決定されるものの，複数タンクの連立により，全体の流出量は非線形性を表現することが可能で

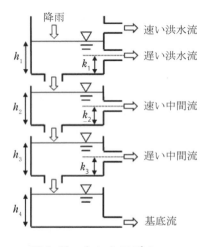

図2.22　タンクモデル

ある。しかし，4段以上のタンクモデルは12個のパラメータと4個の初期値を設定する必要があり，最適値を設定するのは困難である。この点について，従来は解釈の難しい数学的最適化手法を用いるしかなかったが，近年では過去のハイドログラフをスペクトル分解することによって個々のタンクのパラメータを容易に推定する手法が提案されている（Yokoo et al, 2017)。

2.3.8　氾濫水の水理

河川からの水が堤防の決壊や越流によりあふれた場合を外水氾濫，提内地に降水した水が排水能力を上回って浸水する場合を内水氾濫という。浸水は人や経済に被害をもたらすものであり，その水の流動解析は被害の想定や対策，避難方法を議論するうえで重要である。氾濫水の流動は，水深が一般に小さいため平面二次元不定流として解析する事が多い。外水氾濫では河川の越水・破堤地点からの流出量を境界条件として与える。越水量の推定は難しく，同時に解析精度への影響も大きい。特に破堤の有無は結果に大きく影響する。破堤を伴わない場合や無堤部での越水を評価する場合，越水量は河道内の水位と堤内水位との差から求められる。破堤する場合には，過去の破堤事例から得られた経験を基に破堤条件が決められる。破堤断面を通過する流れは堤内水位によって完全越流と潜り越流の2種類に分けられ，それぞれに対して越流公式から越流量 Q を算定する。実務でよく用いられる本間公式は次式のようになる（図2.23）（本間，1962)。

$$Q = 1.55 B_b\, h_1^{3/2} \qquad \text{（完全越流の場合）}$$
$$Q = 4.03 B_b\, h_2\, \sqrt{h_1 - h_2} \qquad \text{（潜り越流の場合）}$$

ここに，B_b は破堤幅，h_1, h_2 はそれぞれ堤防高を基準とした河川側，堤内側の水位である。

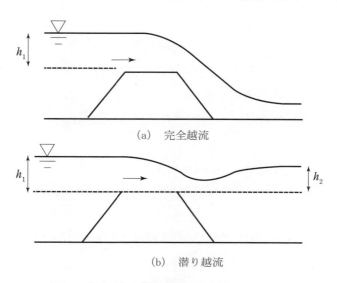

(a)　完全越流

(b)　潜り越流

図2.23　越流の種類（本間公式）

2.4　地下水

　地下水流は地表流と流速が大きく異なっている。わが国の場合，河川の水は長くても数日間のうちに流域を流れ下るのに比べ，地下水はより長い時間をかけて流域内を流動する。長時間の無降雨にも関わらず河川に水が流れているのは地下水からの涵養があるからであり，この河川水は貴重な水資源である。地下水を経た長期的な流れを基底流出という。地下水は地下水層の水頭差によって流動し，地下水位が地面標高より高い領域で湧出する。図2.24に地下水の流れを表す。

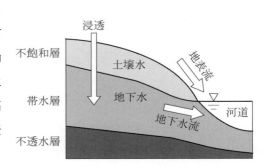

図 2.24　地下水流動

　土中の間隙が全て水で満たされている場合を飽和（saturation）といい，空気を含む場合を不飽和（unsaturation）という。地下水とは厳密には飽和層にある水のことを指し，不飽和層に存在する水は土壌水（soil water）という。地下水により飽和している層を帯水層（aquifer）という。さらに地下水は自由水面を持つ不圧地下水（unconfined groundwater）と不透水層に挟まれて圧力を受けている被圧地下水（confined groundwater）に分けられる。

　河床が砂礫層で構成される場合には全ての水が河床の下へ浸透し，勾配が緩やかになる下流側で再度湧出する。この地下水を伏流水（riverbed water）と呼び，特に扇状地や河床に厚い砂礫層を持つ場合に，河川水は地下に浸透し伏流水になりやすい。

コラム　伏流水の利用

　京都市南部に位置する伏見は伏流水が有名な地域です。江戸時代には伏見は伏水と表記したとも言われるように，京都盆地に蓄えられた地下水が湧水し，良好な水質の水が豊富に利用できる地域です。そのため伏見には水にまつわる神社があり，伏流水の良好な水質を利用した日本酒生産が歴史的に盛んで，まさに伏流水の恩恵を受けた地域といえます。

　京都盆地の地下には琵琶湖の水量に匹敵する地下水があると言われています。さらに，伏見は盆地の水を集め，南北に貫流する鴨川が盆地を抜ける地域でもあります。伏見の御香宮（ごこうのみや）神社では，写真2.3(a)に示す御香水（ごこうのみず）と呼ばれる伏流水が祀られており，現在でも名水百選に登録されています。

　その一方で，扇状地の扇央周辺では河川水が伏流することによって河川流量が低下するため，水不足となることが多いです。日本の三重県北部では，伏流によって

(a) 御香水（京都府京都市　御香宮神社）　　　(b) 片樋マンボ（三重県いなべ市）

写真 2.3　地下水利用の例

古くから農業用水の確保が困難なため，マンボと呼ばれる地下トンネルを用いて農業用水を確保しています。マンボは横井戸に複数の竪穴が入った構造をしており，地下水が導水されるようになっています。横井戸の長さは長いもので 3 ～ 4km に達し，最古は 1600 年代の江戸時代まで遡ることができます。写真 2.3(b) は三重県北部のいなべ市に立地する「片（かた）樋（ひ）まんぼ」であり，第一期工事の着工が 1770 年と同地区の最古と言われています。横井戸の全長は 1km に及び，現在でも土砂の運び出しなどによって維持され，7ha の水田の灌漑に利用されています。

2.5　数値解析法

2.4 節までに示してきたような物理式は，非線形の偏微分方程式で表されているため厳密解（exact solution）を得ることは極めて困難である。そこで現実的には，微分方程式を離散化（discretization）した差分式（differential equation）に近似し，数値計算によって近似解を求めることが一般的である。解析領域を微小な解析格子に分割し，初期値と境界条件を与え，時空間方向の〝差分〟を計算していくことで目的の解を得る。近年のめざましいコンピュータの発展により，かつては計算負荷が大きすぎて不可能だった複雑な解析も実現可能となっている。

2.5.1　差分近似

一次元で非線形の関数 $f(x)$ が与えられ，この時の一価の導関数を $f'(x)$ とする。この時，x_1 における導関数 $f'(x_1)$ の値には，一般的に下記の 3 種類の表現方法がある。

$$f'(x_1) = \frac{f(x_1 + \Delta x) - f(x_1 - \Delta x)}{2\Delta x} \quad \text{（中心差分：central difference）}$$

$$f'(x_1) = \frac{f(x_1 + \Delta x) - f(x_1)}{\Delta x} \quad \text{（前進差分：forward difference）}$$

$$f'(x_1) = \frac{f(x_1) - f(x_1 + \Delta x)}{\Delta x} \quad \text{（後退差分：backward difference）}$$

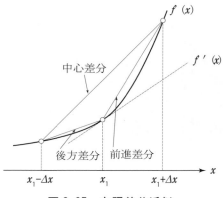

図2.25　有限差分近似

それぞれは図2.25のように違いがあり，目的や対象によって選択する。微分の定義は式中のΔxを無限小にすることだが，差分法では有限のΔxとし，

$$f(x_1+\Delta x)=f(x_1)+\Delta x f'(x_1)$$

のように，xがΔx変化した場合の数値を推定する。微分をこのように近似する方法を有限差分近似（finite difference approximation）や差分法（finite difference method：FDM）と呼ぶ。Δxの値を小さくすれば近似による誤差は小さくなるが，後述する理由から時間方向の差分間隔も小さくする必要があり，計算負荷が増大する。

2.5.2　陽解法と陰解法

2.3.6節で出てきた下記の波動方程式について考える。

$$\frac{\partial f(x,t)}{\partial t}+c\,\frac{\partial f(x,t)}{\partial x}=0$$

ここにtは時間，xは空間であり，fは時空間変化する一次元のスカラー量であり，2.3.6節では水深を意味する。cは拡散係数である。

この時，fの差分法の解法としては主に下記の2種類があり，それぞれを陽解法（explicit method），陰解法（implicit method）という。

$$\frac{f(x,t+1)-f(x,t)}{\Delta t}+c\,\frac{f(x,t)-f(x-1,t)}{\Delta x}=0 \quad (陽解法)$$

$$\frac{f(x,t+1)-f(x,t)}{\Delta t}+c\,\frac{f(x,t+1)-f(x-1,t+1)}{\Delta x}=0 \quad (陰解法)$$

図2.26は2式の違いを模式的に表したものである。陽解法の場合は既知の変数から未知の変数一つを推定する一方，陰解法は式中に未知の変数が二つある。そのため，陽解法では既知から一つの式で解を求められる一方で，陰解法では全てのxに対して上式を立てた後に一次元連立方程式を解くことによって$t+1$時のf値を全て推定することになる。そのため

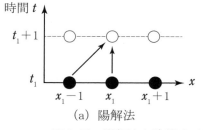

（a）陽解法

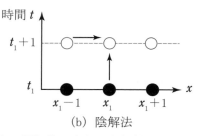

（b）陰解法

図2.26　陽解法と陰解法（黒丸：既知数，白丸：未知数）

陰解法の計算負荷は大きく，特に現象の時間変化が大きい場合には顕著となる。河川の流れを推定する際には陽解法の利用が多い。しかし，陽解法は計算が安定しないことがあり，場合により陰解法が採用される。

　なお，差分式は図 2.26 に示すように時間の t 方向には t_1 から t_1+1 までの前進差分を行っている一方で，x 方向の差分式では x_1-1 から x_1 までの変化率を用いて差分している。これは c が正であることを想定した差分法であり，このように拡散の方向に対して上流側の変化率から差分を行うことを風上差分（upwind difference）という。これは拡散の方向を考慮して差分近似を行うことによって解析の安定性を図っている。

　陽解法は Courant Friedrich and Lewy（CFL）条件と呼ばれる時空間差分間隔に関する条件を満たす必要がある。

$$v_c = c\,\frac{\Delta t}{\Delta x}$$

　上式によって定義される v_c をクーラン数（Courant number）と呼び，陽解法を適用する場合は 1 以下に設定する必要がある。なお，Δt と Δx はそれぞれ時間・空間間隔であり c は実現象の変化速度である。

　図 2.27 は，陽解法により二重丸地点の変数 $f(x_1+\Delta x, t_1+\Delta t)$ を推定する場合である。図中の点線は，クーラン数が 1 となる場合の Δt を，Δx の関数として示したものである。ここで，二つの時間差分間隔 Δt_1 と Δt_2 を検討する。$f(x_1+\Delta x, t_1+\Delta t)$ は $f(x_1, t_1)$ と $f(x_1+\Delta x, t_1)$ から決定されるが，変化の速度によっては $f(x_1-\Delta x, t_1)$ の影響が無視できなくなる。Δt 間に変化する距離 $c\Delta t$ が Δx を超えてしまう Δt_2 の場合には，上式が成り立たなくなるのである。差分法では差分間隔を二つ飛び越えるような流れを想定していないので，安定性・正確性を保つ上で陽解法

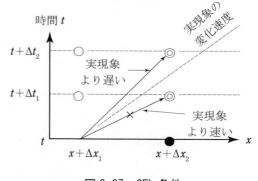

図 2.27　CFL 条件

を用いる際の重要な条件となっている。クーラン数はこのように変化速度と時間・空間間隔を比較している。

2.6　計測手法

2.6.1　流量観測

　河川計画の実施には，過去の洪水流量や低水時流量などの観測資料が不可欠である。2.1.4 節の確率密度関数を年最大洪水流量に対して推定するためには，長期間に連続して観測する必要がある。流量の推定は歴史的に様々な手法があるが，ここでは一般的な方法について解

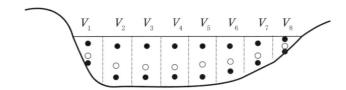

図 2.28　流速計による河道断面観測ポイント（白丸：一点法，黒丸：二点法）

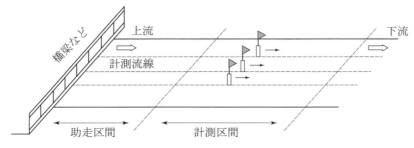

図 2.29　浮子観測

説する。

　流量を直接的に観測する方法では，河道断面を横断方向に等間隔に分け，それぞれの鉛直平均流速を流積に乗じて区間内流量を求める。その後，それらを足し合わせて総流量とする方法である。回転式流速計はプロペラ状のセンサ部を流れの中に入れ，その回転数より流速を決定する。図 2.28 のように等間隔に分けた各流積において流速を計測し，水深方向の平均流速を計測する。水深方向に一点のみ計測する場合を一点法といい，水面から水深 60% の点で計測する（図 2.28 の白丸地点）。同様に二点法では水面から水深 20%，60% の地点で計測した流速を鉛直平均とする（図 2.28 の黒丸地点）。

　浮子（pole type float）による方法では，図 2.29 のように計測流線ごとに橋梁などから浮子を落とし，計測区間内を流下する速度を流速とする。複数の浮子を流す場合，摩擦を考慮した係数を乗じたり，観測流速のうちの最頻値を選択したりする。投下後の浮子の観測には助走区間を経てから計測区間を設ける。流速計による方法は流れが比較的穏やかな平水時の観測に適しているが，洪水時は流速の変化が激しく一点の流速が定まらない上に観測自体も危険であるため，浮子による観測が採用される。

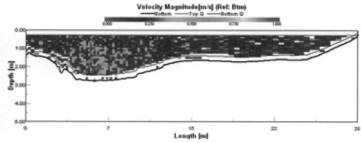

（a）ADCP 観測の様子　　　　　　　（b）ADCP による流速分布

図 2.30　ADCP 観測（横尾善之，観測・撮影）

近年では，超音波式流向流速計（Acoustic Doppler Current Profiler, ADCP）を用いた観測も行われている。ADCP から超音波を発射すると，送信波に対し受信波は対象物のドップラー効果で周波数が変化する。これにより送信方向の流速を推定できる。横断方向に計測することで断面内の流速や流量を推定できる。図 2.30(a) は観測の様子であり，図 2.30(b) は観測から得られた流速分布である。

以上のような流量観測は現地で観測する必要があり，定点の長期連続観測はほとんど不可能である。現況の流量観測では，観測点における水位流量曲線（H–Q curve, HQ 式）を ADCP や浮子観測などによってあらかじめ求めておき，水位の定点観測によって流量の算定を行っている。水位流量曲線は，様々な水位と流量の観測データに回帰式を当てはめることで得られる。また，大中規模の出水後には河床変動により水位流量曲線が変化するため，一定の期間ごとに更新する必要がある。

背水の効果が大きい場合では水位の上昇は必ずしも流量の増加に繋がらないため，一意的に水位から推定した流量の精度は低くなる。また，流れの非定常性が強く局所的な水面勾配の変化が大きい場合にも精度が下がる。洪水事例に HQ 式を適用すると増水時に流量を過小評価，減水時に過大評価する傾向があることが知られている。

2.6.2　降雨量観測

日本での降雨観測は，現在では図 2.31 のような転倒ます型雨量計によって行われている。計量部には二つのますが設置されており，受水器で集められた水が片方のますに入る仕組みになっている。一定の容量を超えると水の重みで傾くと同時に排水される。その後，受水器からの水は他方のますに流れ込むよう設計されている。この転倒回数がカウンターに感知され，ますの容量に転倒回数を乗じることによって雨量が計測される。ますの容量は当該地域の降水量によって変えられるが，多くの場合降雨量 0.5mm 相当量である。これは雨量計の最小観測量が 0.5mm であることを意味する。多雪地帯での観測では，受水器にヒータを内蔵す

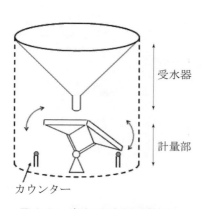

図 2.31　転倒ます型雨量計

図 2.32　AMeDAS 観測点分布（気象庁ホームページ）

ることで雪を融解しながら観測している。風速が強い場合，受水器の雨量の捕捉率が低くなる場合がある。降雪は特に風速にのって飛散しやすいので捕捉率の低下が顕著である。そこで風速による補正式を雨と雪で別々に立てて雨量を推定する場合もある。

　日本では，1974 年 11 月 1 日より地域気象観測システム（Automated Meteorological Data Acquisition System：AMeDAS）が図 2.32 のように全国的に整備されており，雨量だけでなく気温・風速などの気象データが全国を約 17km 間隔で観測されている。平成 28 年 11 月 30 日時点で，雨量の観測所は図のように 1302 か所にのぼる。

参考文献

1）井田至春：広巾員水路の定常流―断面形の影響について―，土木学会論文集，第 69 号別冊（3-2 土木学会，1960．

2）本間仁，安芸皎一：物部水理学，岩波書店，pp. 585-586，1962

3）気象庁：各種データ・資料，http://www.jma.go.jp/jma/menu/menureport.html

4）気象庁 HP，さまざまな気象現象，http://www.jma.go.jp/jma/kishou/know/whitep/1-1-2.html

5）気象庁 HP，気象レーダー観測，http://www.jma.go.jp/jma/kishou/know/radar/kaisetsu.html

6）気象庁 HP，アメダスの概要，http://www.jma.go.jp/jma/kishou/know/amedas/kaisetsu.html

7）木村俊晃：流出地域を想定して解析した総合貯留関数の提案，土木技術資料，2(11)（1960）

8）Sugawara, On the analysis of runoff structure about several Japanese rivers, Japanese Journal of Geophysics, Vol. 2, No. 4, pp. 1-76, 1961

9）Yokoo et al., Identifying dominant runoff mechanisms and their lumped modeling: a data-based modeling approach, Hydrological Research Letters, 11(2), pp. 128-133, 2017.

10）小倉義光：一般気象学，東京大学出版会，1999

11）風間聡：水文学，コロナ社，2011

12）川合茂：河川工学，コロナ社，2002

13）国土交通省水管理・国土保全局：河川砂防技術基準調査編，2014

14）椎葉充晴：水文学・水工計画学，京都大学学術出版社，2013

15）高瀬信忠：河川工学入門，森北出版株式会社，2003

16）高橋裕：河川工学，東京大学出版会，2008

17）竹林洋史：河川工学，コロナ社，2014

18）玉井信行：河川工学，オーム社，2014

19）土木学会水理委員会水理公式集改訂小委員会：水理公式集，丸善，2011

20）禰津家久：水理学，朝倉書店，2000

21）日野幹雄：明解水理学，丸善出版，1983

22）真野明：水理学入門，共立出版，2010

3.1　はじめに

　わが国の河川は流路長が短く，勾配が急な特徴がある。洪水が発生すると，上流域の河床は洗掘[1]され土砂を生産する。そのため流出した土砂が下流の河道内で堆積し，河積[2]が小さくなることによって，氾濫[3]の危険性が高くなる。よって，河川における河道の流れにおいて流下する水と共に重要な役割を担っている。河床には，様々な粒径の土砂粒子が空間的に広く分布している。流速がある大きさを超えると小さな土砂粒子から移動を開始する。このような河床を移動床（写真 3.1）といい，側溝や農業水路などのコンクリートなどで固められた河床を固定床という。

3.2　河床材料

　土砂の粒度分布や比重などの基本的な性質について述べる。次に，水中での土砂の沈降について説明する。

写真 3.1　移動床の河川（様々な粒径の土砂粒子が見える）

1　浸食作用の一つで激しい川の流れや波浪によって法面の土や河岸，河床が削り取られる現象のことである。
2　河川の横断面において，水の占める面積のことである。
3　堤外地の水などが増して，堤外地から勢いよくあふれ出ることである。

3.2.1　河床材料特性

河床は主として流域の土砂から構成されているため，その特性について知ることは土砂動態を知るために重要である。粒径 2mm 以上の土砂粒子を礫（れき）と呼ぶ。粒径 0.074 〜 2mm の土砂粒子は砂に分類される。粒径 0.005 〜 0.074mm の土砂粒子はシルトとして扱われる。より土砂粒子の細かいもの（粒径 0.005mm 以下の土砂粒子）は粘土として分類される（表 3.1）。

表 3.1　土の分類

名称	粒径（mm）
礫	2 以上
砂	0.074〜2
シルト	0.005〜0.074
粘土	0.005 以下

採水した試料をろ過した後，1mm 孔径フィルタ上に残った粒子状の有機物のことを粒状有機物（Coarse Particulate Organic Matter：CPOM）と言う。粒状有機物は生物起源のものと非生物起源のものがある。CPOM よりもさらに粒子の細かいもの（0.45 μm 〜 1mm）は，微細有機物（Fine Particulate Organic Matter：FPOM）と呼ばれている。CPOM より FPOM のほうが小さいため輸送されやすく長距離を流下する。粒状有機物の中で CPOM は河床構造物に捕捉されやすい[1]。

河床を構成する材料の性質を調べるために粒径加積曲線（図 3.1）を作成する。図 3.1 の横軸は粒径 d（mm），縦軸はサンプルの全量に対して，ふるいを通過する量の重量百分率 p である。以下に，土の粒度特性に関する指標を示す。

(1)　中央粒径 d_{50}，p=50% に対する粒径を示す（p は通過重量百分率（%））。

(2)　平均粒径　$$d_m = \frac{\sum_{p=0}^{p=100} d\Delta p}{\sum_{p=0}^{p=100} \Delta p}$$

(3)　分級係数[4]　$S_0 = \sqrt{d_{75}/d_{25}}$

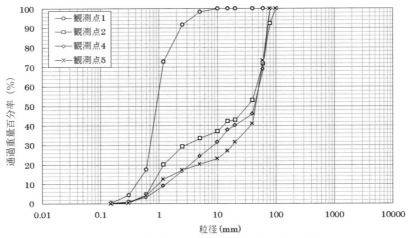

図 3.1　粒径加積曲線の例（香東川，香川県）

4　底質の均一性を表す量である。値が小さいほど均一性が高くなっている。

写真3.2　河床材料調査（コドラードを使用した底質の採取）

　土砂粒子の密度は，実際に現地において河床材料を採取し，室内実験（JIS A 1202）[5] を経て得ることが出来る（写真3.2）。密度とは単位体積あたりの質量であり，比重とは，ある物質の密度と4℃の水の密度との比である。土砂の構成物質により比重は変化するが，概ね2.7程度[2] となる。

3.2.2　沈降特性

　沈降速度を求めるためには，水を入れた容器に土砂粒子を落下させ，その比重と粒径を測定する。この時，土砂粒子を球体と仮定すれば，Reynolds数[6]（Re）が1以下の時にはStokes の公式，それ以上の時には鶴見公式[3] を用いて沈降速度を求めることが出来る。

　ここでは，静止した流体中を物体がx方向に速度$u=U(t)$で移動する場合を考える。流れ方向と軸の定義を図3.2に示す。

　この時に土砂粒子の動きに注目してLagrange[7]的に考える。この時のx方向の運動方程式は，

$$M\frac{dU}{dt} = F_x - D_x - M_x{}'\frac{dU}{dt}$$

となる。鉛直方向（z方向）について考えると同様に $w=W(t)$ となり，

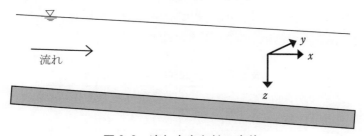

図3.2　流れ方向と軸の定義

5 日本工業規格（JIS）によって定められた試験方法である。

6 層流と乱流を分ける無次元数である。

7 流体粒子を追跡して，粒子の初期位置と時間の関数として表す。

$$M\frac{dW}{dt} = F_z - D_z - M_z'\frac{dW}{dt}$$

ここで M は粒子の質量（kg），F は外力（N），D は抗力（N），M' は見かけの力（N）とする。静止流体を沈降する球体の運動を考えると，沈降方向は $F_z = -(\sigma - \rho)wg$，$D_z = 1/2 \times \rho A Cdw^2$ となる（Cd は抗力係数）。V は球の体積（m³），A は物体の進行方向の投影面積（m²），σ は土砂粒子の密度（kg/m³），ρ は水の密度（kg/m³）である。質量は $M = \sigma V$（kg）となるが M_z' は付加質量である。付加質量とは，物体が流体中を運動するとき，周囲の流体も同時に動くため，真空中における運動と比較して増加する見かけ上の質量のことである。付加質量は物体の形状によって異なり，球体が排除する流体の質量に比例する。

$$M_z' = c_m \rho V$$

ここで球体を仮定しているので c_m は定数となる。上記を整理すると

$$(\sigma - c_m\rho)\frac{dw}{dt} = -(\sigma - \rho)g + \frac{1}{2}\rho\frac{A}{V}C_d w^2$$

となり，

$$\frac{dw}{dt} = \frac{\rho C_d A}{2V(\sigma - c_m\rho)}w^2 - \left(\frac{\frac{\sigma}{\rho}-1}{\frac{\sigma}{\rho}-c_m}\right)g = aw^2 - b$$

この微分方程式を解くと，$t \to \infty$ の時に，$w = \sqrt{b/a}$ となり，これが最終沈降速度（m/s）となる。

$$w = \sqrt{\frac{b}{a}} = \sqrt{\frac{4}{3}\frac{d}{C_d}\left(\frac{\sigma}{\rho}-1\right)g}$$

ここで Stokes の法則が成り立つように Reynolds 数 Re を 1 以下と仮定し，Stokes の抵抗法則として理論的に導かれた $C_d = 24/Re$ と $Re = w_d/v$ の関係を用いると Stokes の沈降速度式は，

$$w_s = \frac{1}{18}\left(\frac{\sigma}{\rho}-1\right)\frac{g}{v}d^2$$

となる。ここで，w_s：沈降速度（m/s），d：土砂粒子の粒径（m），ρ：水の密度（kg/m³），σ：土砂粒子の密度（kg/m³），g：重力加速度（m/s²），v：水の動粘性係数（m²/s）である。また，鶴見の公式では粒径により w_s が変化する。ここで，水温を25℃[8]とし $\sigma = 2.65$（kg/m³）と仮定した場合に，沈降速度は表3.2のようになる。

表 3.2　鶴見公式による沈降速度

$d > 0.015$cm	$U = 11940d^2$　(cm/s)
0.015cm$< d < 0.11$cm	$U = 171.5d$　(cm/s)
0.11cm$< d < 0.58$cm	$U = 81.5d^{0.667}$　(cm/s)
0.58cm$< d$	$U = 73.2d^{0.5}$　(cm/s)

8　水は温度により性質が変化するため 25℃ と仮定する。

3.3 砂の運動と移動

流水中に土砂粒子や橋脚，植生があると，これらは流れにとって抵抗として，特に速い流れでは土砂粒子は大きな抵抗となるために流れに及ぼす影響は大きい。

河床上の土砂粒子が移動を始める状態を移動限界[9]という。河床には流れによるせん断力 τ_0（Pa）が働く。この時の水深を h（m），水の密度を ρ（kg/m³），流れの摩擦勾配[10]を I_f とし，流れを一次元で仮定すれば，τ_0 は次のようになる。

$$\tau_0 = \rho g h I_f$$

また，摩擦速度 U_*（m/s）[11]を用いると $U_* = \sqrt{\tau_0/\rho}$ とおけば，次の式が得られる。

$$\tau_0 = \rho U_*^2$$

ここで，摩擦勾配 I_f は Manning 式を用いた場合に，$I_f = n^2 U^2 / R^{4/3}$ として表される。n は Manning の粗度係数，U は流速（m/s），R は径深（m）である。流れが等流の場合には I_f は底面勾配 i_0 と一致する。

τ_0 が τ_c 以上となると土砂の移動が始まる[12]。この時の限界せん断応力が限界掃流力 τ_c である。また，τ_0 は掃流力という。

Shields は限界掃流力と土砂の粒径に関して次のように定式化している。

$$\tau_c / (\sigma - \rho) g d = \phi (U_{*c}^2 \cdot d / \nu)$$

$$U_{*c}^2 / \left(\frac{\sigma}{\rho} - 1 \right) g d = \phi (U_{*c}^2 \cdot d / \nu)$$

ここで，σ は河床の砂粒の密度（kg/m³），d は砂の粒径（m），$U_{*c}^2 = \sqrt{\tau_c/\rho}$，$\nu$ は水の動粘性係数（m²/s）である。$\tau_c / (\sigma - \rho) g d$ は無次元化した限界掃流力である。これは Shields 関数とも呼ばれる。

河川流域における上流山地の崩壊，浸食が多ければ河川への土砂供給が多くなり，河川内に土砂が堆積し，河床は上昇することになる。逆に土砂供給が少なければ河床は低下することになる。河川の土砂収支は上流からの土砂供給量と下流への土砂輸送量から求められる。

---

9 その時のせん断応力を限界掃流力（限界せん断応力）という。

10 不等流では水面勾配と底勾配が異なり，上下流端でエネルギーを考えた場合には抵抗によるエネルギー損失が生じる。これを距離で割ったものを摩擦勾配という。

11 摩擦速度は速度と付くが，実際にはこの値に相当する流速をもつ流れがあるわけではなく掃流力を速度の単位で表すための概念である。

12 ここでは一様粒径を仮定している。混合粒径の場合は，小さな粒子が大きな粒子の陰に入り，掃流力が小さな粒子に対して限界値を超えていても流れない状況となり，複雑な運動となる。

3.3.1 砂の移動形態

掃流砂（bed load）とは，河床と接触を保って輸送される土砂粒子の成分で，滑動，転動，跳躍の三つに分類される（図3.3）。滑動では，土砂粒子が河床上を滑り移動する現象である。転動は，土砂粒子は河床上を回転しながら移動する現象である。跳躍は，河床を離れた砂粒がある距離にわたって水中を流下して河床に落下し，ある時間留まった後，再び下流に移動する現象である。

浮遊砂（suspended load）とは，いったん河床から離れた後に，相当長い距離にわたり河床と接触することなく，漂いながら輸送される成分をいう。浮遊砂を構成している成分は，

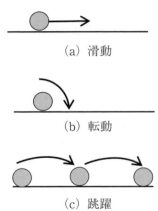

(a) 滑動

(b) 転動

(c) 跳躍

図3.3 掃流での輸送形態

もともと上流側の河床に存在していた材料や降雨流出で斜面から流入した土砂である。

掃流砂と浮遊砂は河床材料と交換を繰り返しながら移動流下し，それらを総称して底質流砂という。

洗流砂（wash load）とは，細粒成分をいう。浮遊して移動する。洗流砂はカタカナ読みでウォッシュロードと標記されることも多い。河床材料よりも細かな成分であり，途中で大きな貯水池が無い限り，河口まで河床と接触することなく運ばれることが多い。

3.3.2 土砂の基本的な公式

河川の流送土砂量を推定する実験公式は19世紀以降多くの研究がある。Du Boys（1879）は，流れのせん断力が底質に働き，移動土砂粒子の鉛直速度勾配は直線的であるとして次式を得た。

$$q_b = C \tau_0 (\tau_0 - \tau_c)$$

ここで，q_b：単位幅単位時間あたりの掃流砂量（m³/s・m），τ_0：河床に働く掃流力（N），τ_c：限界掃流力（N），C：流砂の性質による係数である。

河床の土砂粒子は均一の粒径から成り立っているのではなく，むしろ自然河川の河床材料は，様々な粒径の集合体（混合粒径）である。限界掃流力が小さな粒子に対しては掃流力を越えていても，大きな土砂粒子に対しては限界掃流力以下であるという場合もあり，一様粒径の場合と比較して土砂移動はかなり複雑となる場合が多い。

3.4 掃流砂

3.3.1節で説明したように掃流砂とは，絶えず河床と接触を保ちつつ移動する土砂を表し，その流送形式は，滑動（sliding），転動（rolling），跳躍（saltation）に分類される。掃流砂の移動は，河床近傍の薄い層（これを掃流層と呼ぶ）内に限られ，その厚さは粒径の数

倍程度である。河床からある一定の高さまで掃流し，それ以上は浮遊するように水深によってその形態を分けてきた。ただし，土砂に掃流砂，浮遊砂という名前が書いてあるわけではないので，これが再び河床に落ち着くまでに掃流砂と判断したり，河床近傍で浮遊砂のような動きをしたりすることもあり，両者を厳密に分けることは難しい。

3.4.1　掃流砂式

掃流砂を求める式は様々なものが提案されている。

・芦田・道上の式

芦田・道上[5]はBagnold[6]の考えに基づいて掃流砂量を求めた。式の概念は次のようになる。

① せん断応力 τ_0 は土砂粒子の衝突によって生じるせん断応力 τ_g と流体自体のせん断応力 τ_f の和として表す。

② 流体中の土砂粒子の衝突によって鉛直応力 σ_g (N) が生じ，$\tau g = u_f \cdot \sigma_g$ の関係が成立する。ここで u_f は粒子の動摩擦係数である。芦田・道上の掃流砂式は次式で与えられる。

$$q_* = 17\tau_{*e}^{3/2}(1 - \frac{\tau_{*c}}{\tau_*})(1 - \frac{u_{*c}}{u_*})$$

ここに，τ_{*c} を算定するための有効摩擦速度 u_{*e} は次式で算出される。

$$\frac{U}{u_{*e}} = 6.0 + 5.75 \log_{10} \frac{R}{d(1 + 2\tau_*)}$$

混合粒径砂の場合は底面勾配 i_b を用いて q_B を q_B/i_b と書き換え，粒径 d に関する値を代入すれば，同様に求めることができる。

・佐藤・吉川・芦田の式[7]

単位幅，単位時間あたりの掃流砂量は，

$$q_B = \frac{u_*^2}{[(\rho_s/\rho) - 1]_g}\phi F\left(\frac{\tau_0}{\tau_c}\right)$$

ここで，Manning の粗度係数を n とすると，ϕ は以下のようになる。
$n \geqq 0.025$ の時，$\phi = 0.623$，$n < 0.025$ で $\phi = 0.623 (40n)^{-3.5}$ である。

3.5　浮遊砂

3.3.1 節で説明したように，浮遊砂といったん河床から離れたその後は，相当長い距離に渡り沈降すること無く漂いながら輸送される成分をいい，底面付近から水面まで幅広く分布する。浮遊砂の動きはランダムで，漂うようなパターンを取り，掃流砂よりも長い距離に渡って流送される。全断面に渡る浮遊砂の輸送量を知るには，濃度の分布と流速の鉛直を知る必要がある。濃度分布の解析は乱流理論を応用して進められてきた。

3.5.1 浮遊砂濃度

浮遊砂を求めるために浮遊砂の濃度分布について考える。ここでは，簡単にするために，定常かつ一様な流れを仮定する。

ここで，C を浮遊砂濃度，流れの方向に x 軸，これと直角方向の水平座標を y 軸とし，x-y 平面に直交する座標を z とする三次元を考える。K_z は z 方向の渦動拡散係数と呼ばれる係数である。ここで，流れの方向は x 方向のみに存在すると仮定すると，y 方向の流速 v と z 方向の流速 w の関係は $v=w=0$ であり，速度および濃度の x 方向の係数は 0 となる。そのため，このときの濃度分布を定める拡散方程式は次式で与えられる。

$$\frac{d}{dz}\left(K_z \frac{dC}{dz} \right) + w_s \frac{dC}{dz} = 0$$

ここで w_s は土砂粒子の沈降速度（m/s）である。この式は乱流拡散によって鉛直方向に輸送される土砂量と，沈降作用によって降下する量が等しいことを示している。ここで K_z は渦動粘性係数 [13] ε と等しい（Reynolds の相似則）と仮定し，対数速度則 [14] が成立すると次式となる。

$$K_z = u_* \kappa_z \left(1 - \frac{z}{h} \right)$$

ここで，u_* は摩擦速度，κ はカルマン定数，h は水深である。K_z を代入し，上記の式を整理する。水面での $C=0$ とし，任意点での $Z=Z_0$，$C=C_0$ とすれば，

$$\frac{C}{C_0} = \left(\frac{h-z}{z} \frac{z_0}{h-z_0} \right)^{\zeta}$$

となる。ここで $\xi = wS / \kappa U^*$ である。

3.5.2 浮遊砂量式

浮遊砂式についても，掃流砂同様に様々な式について提案がなされている。

・芦田・道上の式

芦田・道上 [8] は河床付近の濃度 C_B を次のように定式化した。まず，土砂粒子の鉛直方向の速度変動の分布は正規分布であると仮定する。こうすると，河床から浮遊する土砂粒子の平均速度が確率密度関数を用いて表すことができる。これを使用すると単位時間，単位面積あたりに浮遊する砂の量が算出できる。河床近くの単位面積あたりに沈降する砂の量は $\sigma C_B w_S$ で表される。

ここで，σ は砂粒の密度，w_S は沈降速度である。平衡状態では浮遊量と沈降量が等しく

---

13 渦動粘性係数とは乱流によって生じる応力が平均速度の勾配に比例すると考えた場合の比例係数である。

14 乱流層における速度分布を示した式である。

なる。そのため C_B は以下となる。

$$C_B = 0.025 \left[g(\xi_0) / \xi - G(\xi_0) \right]$$

式中の 0.025 は単位面積あたりの砂粒の露出個数に関する比例定数である。この値は実験から求められている。粗面では，

$$\xi_0 = w_p / \sigma_p = w_S / (0.75 u_{*e})$$

$$g(\xi_0) = (1/\sqrt{2\pi}) \exp(-\xi_0^2 / 2)$$

$$G(\xi_0) = (1/\sqrt{2\pi}) \int_{\xi_0}^{\infty} \exp(-\xi_0^2 / 2) d\xi$$

となる。ここで，σ_p は砂粒の変動速度の標準偏差，w_p は重力効果を考慮しない場合の土砂粒子の変動速度（m/s）である。基準点での土砂濃度を上式で表すと，混合粒径の場合も含めて次式で表される。

$$\frac{q_S}{q \cdot \Delta F(w_S)} = C_B \left[\left(1 + \frac{1}{\kappa} \frac{n\sqrt{g}}{h^{1/6}} \right) \Lambda_1 + \frac{1}{\kappa} \frac{n\sqrt{g}}{h^{1/6}} \Lambda_2 \right]$$

ここで，q：単位幅流量，$\Delta F(w_S)$ は河床において沈降速度 w_S の占める割合，n はマニングの粗度係数，κ はカルマン定数，g は重力加速度であり，Λ_1 と Λ_2 は Z により決定される。

・Einstein（アインシュタイン）の式 [9]

Einstein は 3.5.1 節のように対数速度分布を用いて浮遊砂濃度を求めた。土砂粒子が移動するのは河床の厚さが $2d$ の範囲であると仮定する（d は粒径）。この時の平均粒子濃度は，$i_B q_B / 2d \cdot u_B$ となる。掃流層の流速 u_B は u_{*e} に比例するとし，浮遊砂の基準濃度を掃流砂の平均濃度に等しいと考えると浮遊砂量 q_s は次のようになる。

$$i_s q_s = i_B q B (P_1 I_1 + I_2)$$

$$P_1 = 2.303 \log_{10}(30.2 x h / d_{65})$$

$$I_1 = 0.216 \frac{A^{Z-1}}{(1-A)} Z \int_A^1 \left(\frac{1-\eta}{\eta} \right)^Z d\eta$$

$$I_2 = 0.216 \frac{A^{Z-1}}{(1-A)} Z \int_A^1 \left(\frac{1-\eta}{\eta} \right)^Z \ln\eta \, d\eta$$

ここで，$A = a_*/h$，$Z = w/\kappa u_{*e}$，κ：カルマン定数，a_*：浮遊限界点で $a_* = 2d$，$x = (d_{65}/v)$，v：動粘性係数（m²/s）である。

3.6　ウォッシュロード

ウォッシュロードとは，流域から輸送されてくる細粒成分を言い，浮遊形式で移動する。

河床の構成材料よりも細かな成分であり，途中で大きな貯水池が無い限り，河口まで河床と接触することなく運ばれるが $u_*<w_0$ と重力の影響が卓越した場合に堆積する。この時の速度は $1\sim2$cm/s である。ウォッシュロードの濃度は断面内で一様であると仮定すれば，ウォッシュロードの流量 Q_s は，河川流量 Q の二乗にほぼ比例し，下記の式となる。

$$Q_s = (4 \times 10^{-8} \sim 6 \times 10^{-6})Q^2$$

3.7 土砂の拡散

　ダムや河口を除けば，河川においては水の密度がほぼ一様であり，流下方向の速度が大きく，風や自転の影響も小さい。そのため，土砂の拡散は主に平均的な流速と乱流拡散による。ここで，土砂が河川の中心付近に投入された場合の輸送について考える。河川方向の拡散係数を D_x (m²/s)，水深方向の拡散係数を D_z (m²/s) とする。この時の河川幅を B (m)，水深の代表長さを h (m) の直線的な水路と仮定とする。この時の河川方向の Euler[15] の時間スケールを t_x，水深方向 Euler の時間スケールを t_z とし次元解析[16] をする．

　ここで，D_x と D_z のオーダーについて考える。水深が 1m で河川幅が 100m 程度の一般的な河川を想定すると水深と河川幅の比は $B/h \approx 10^2$ となる。この時に摩擦速度 u_* (m/s) を用いて各計算係数を表すと $D/u_*H \approx 10^4$ のオーダーとなる．

$$t_x = \frac{\left(\dfrac{B}{2}\right)^2}{D_x}$$

$$t_z = \frac{h^2}{D_z}$$

となる。実際には求められた時間よりもかなり短く，1/2 から 1/4 程度の時間で混合すると考えられる。

　ここで，両者の時間スケールの比 t_r を考えると

$$t_r = \frac{t_x}{t_z} = \frac{1}{4}\left(\frac{B}{h}\right)^2\left(\frac{D_x}{D_z}\right) \approx 10^4$$

となる。このため河川中央部に物質が投入された場合には，濃度が水深方向に一様になるためには河川幅方向に一様になるには約 10^4 倍の時間を要することが分かる。

　また，河川幅方向に一様となるために必要な流下距離 L_x (m) は，流速係数 $U/u_* \approx 10$ として（U は流速 (m/s)），先ほどの条件から，

---

15 流体を第 3 者の立場にたって観察する方法である。

16 長さ，質量，時間などの次元から，複数の物理量の間の関係を表すことである。物理的な関係を表す数式においては，両辺の次元が一致する。

$$L_x = U \times t_x = \frac{U \times \left(\dfrac{B}{2}\right)^2}{D_x} \approx \frac{UB^2}{4 \times 10^{-1} u_* h} \approx 10^4 h$$

となる。水深方向に一様となるために必要な流下距離L_zは,

$$L_z = U \times t_z = \frac{U \times h^2}{D_z} \approx \frac{Uh^2}{10^{-1} u_{*h}} \approx 10^2 h$$

となる。これらを比較すると投入された拡散物質は水深方向には水深の100倍ほどの流下距離が必要なのに対して，川幅方向では約10^4倍の流下距離が必要であまり混合しないことが分かる。

3.8　河床変動計算

3.8.1　一次元計算

　河川の実測から得られた各種パラメーターを使用して土砂移動の計算を行う事がある。一般に次元を上げて行けば現象の理解が進む（表 3.3）が，パラメーターが少ない一次元のモデルも用いられる。以下に良く使用される一次元河床変動モデルを示す。計算には，連続の式と流れの運動方程式を連立させることにより解を得る。

表 3.3　洪水流解析法の適用性

基本流解析法の分類	適用可能であるための基本条件		代表事例についての適用例							
	流れの条件	必要な河道情報	直線縦断方向一様に近い単断面流路	直線縦断方向一様に近い複断面流路（樹木群の水理的影響が大きい場合も含む）	縦断方向一様に近い湾曲流路	蛇行複断面流路（樹木群の水理的影響が大きい河道も含む）	急拡，急縮屈曲（概ね静水圧部分布）	踏水，段落ち，断上がり（非静水圧分布あり）	分流・合流
一次元解析	静水圧分布 / α、β が 1.0 近く，一定 / 流れの曲がりと横断方向変化が穏やか	横断面形状とそこでの粗度係数，縦断間隔は通常川幅程度以上	○	△	●	△			
急変流の一次元解析的取扱い	対象とする急変流別に異なる	対象とする急変流別に異なる					●	●	●
準二次元解析	静水圧分布 / 流れる曲がりと縦断方向変化が穏やか / 断面内に大きな流速変化があっても良い	横断面形状の横断分布，縦断間隔は通常川幅程度以下	○	○	●	●（激しい蛇行は△）			
平面二次元解析	静水圧分布 / 水平成分流速ベクトルが鉛直方向にほぼ一様	河床高の平面分布堤防や必要に応じて低水路の平面系の平面分布	○	○	△	○～●	○	△	●
準三次元解析	静水圧分布		○	○	○	○～●	○	△	○
三次元解析			○	○	○	○	○	○	○

$$\frac{\partial A}{\partial t} + \frac{\partial Q}{\partial X} = 0$$

$$\frac{\partial H}{\partial X} + \frac{\partial}{\partial X}\left(\frac{\alpha Q^2}{2gA^2}\right) + i_e = 0$$

ここで，X：流下方向座標軸，H：水位，Q：流量，g：重力加速度，A：横方向面積，α：エネルギー補正係数[17]，i_e：エネルギー勾配，t：時間である。

　一般的な一次元計算で使用する断面は広幅矩形断面とし，河床抵抗は Manning 則に従う。掃流砂量は先に説明した芦田・道上の式を用いることにより算出ができる。図3.4に一次元での計算結果の例を示す。洪水前と比べて洪水後に浸食・堆積が見て取れる。

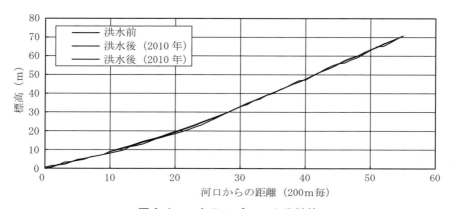

図3.4　一次元モデルによる計算

3.8.2　二次元計算

　一次元計算では精度などが十分でない場合には，二次元の土砂移動予測を行う事がある。ここでは良く使用される基礎式を以下に示す。先ほどと同様に，連続式と運動方程式から式は構成されている。二次元の計算であるため，先ほどよりも式が複雑となり，また，運動方程式の数も増えている。

$$\frac{\partial h}{\partial t} + \frac{\partial (hu)}{\partial x} + \frac{\partial (hv)}{\partial y} = 0$$

$$\frac{\partial (uh)}{\partial t} + \frac{\partial (hu^2)}{\partial x} + \frac{\partial (huv)}{\partial y} = -hg\frac{\partial H}{\partial x} - \frac{\tau_x}{\rho}D_x$$

$$\frac{\partial (vh)}{\partial t} + \frac{\partial (huv)}{\partial x} + \frac{\partial (hv^2)}{\partial y} = -hg\frac{\partial H}{\partial y} - \frac{\tau_y}{\rho}D_y$$

　ここで，u, v：x, y 方向の流速，h：水深，τ_x，τ_y：x, y 方向の河床せん断応力，D_x, D_y：$x,$ y 方向の拡散係数である。

　土砂の計算については様々な式が提案されているが，今回は掃流砂の計算に芦田・道上の式を使用する。浮遊砂の濃度については次頁の式で求める。

17　流速分布を持った流れに対して，平均流速を用いて計算するため値を補正するために用いられる係数。

$$C_B = \frac{\overline{c}\,\beta}{[1-\exp(-\beta)]}$$

ここで，$\overline{c}$ は水深方向の平均浮遊砂濃度，β は w_f/ε であり，w_f は土砂の沈降速度，ε は $\kappa_{uh}/6$ で，κ はカルマン定数である。

河床からの供給される土砂量 q_{su} は [10), 11)] の式を用いる。

$$q_{su} = K\left(\alpha_* \frac{sgd}{u_*}\,\Omega - w_f\right)$$

ここで，K は 0.008 で a_* は 0.14 である。Ω は以下で計算する。

$$\Omega = \frac{\tau_*}{B_*} \frac{\displaystyle\int_{a'}^{\infty} \xi \frac{1}{\sqrt{\pi}} \exp\,(-\xi^2)\,d\xi}{\displaystyle\int_{a'}^{\infty} \frac{1}{\sqrt{\pi}} \exp\,(-\xi^2)\,d\xi} + \frac{\tau_*}{B_*\,\eta_0}$$

ここで，B^* は 0.143 で $a':B_*/\tau_*-1/\eta_0$ である。

土砂の沈降速度は Stokes の公式も用いることも多いが，Reynolds 数による制約があるため，ここでは以下の Rubey 式による沈降速度を用いる。

$$w_s = \sqrt{\frac{2}{3}sgd + \left(\frac{6\nu}{d}\right)^2} - \frac{6\nu}{d}$$

ν は水の動粘性係数である。

Rubey 式を使用した一例として，写真 3.4 で示される直線河川における計算例を示す。地形測量データから図 3.5 の様に標高データを作成する。さらに計算用の格子を作成する。このデータと上述してきた式を利用して計算を行うことにより土砂量の計算ができる。図 3.6 に実際の二次元での河床変動計算の結果を示した。図の黒が堆積を示し，灰色が洗掘を表し

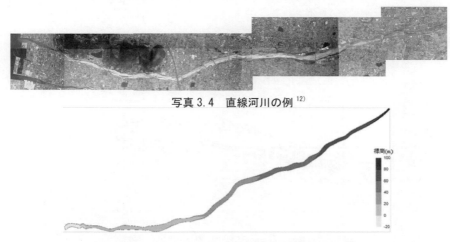

写真 3.4　直線河川の例 [12)]

図 3.5　標高データを用いた河道の作成 [13)]

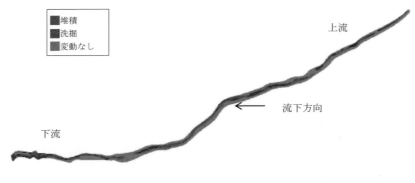

図 3.6　二次元モデルによる土砂計算例 [13]

ている。河川で大きな浸食が見られ，その側岸での堆積が顕著であることが分かる。

3.9　河川地形

　河川には安定な状態が二つある。静的安定状態と動的安定状態である。静的安定状態は土砂移動がいっさい無く，河床に変動が生じない状態である。一方で動的安定状態では土砂移動は生じているものの連続式が満足され，河床の変動が生じない状態である。安定的な河川とは，河床が大きな変動を伴わず，流下能力を確保するための維持管理の容易な河川を意味している。下線内の凹凸は土砂粒子が移動することにより生じる。横断方向に地形変動差が見られる（図3.7）。反対に，図3.8の様に河床があまり変動しない河川もある。

3.9.1　河岸浸食と堆積

　河岸浸食は河岸の構成材料が水流により流されることによって生じる現象である。特に河岸を構成する構成材料が粘着性を持っているかが重要となる。さらに層構造を持っているか否かにより河岸の浸食過程が大きく異なる。粘着性の強い土の層と弱い層があった場合には，優先的に粘着性の弱い個所が浸食される。次に粘着性の強い層の土塊が崩壊する。

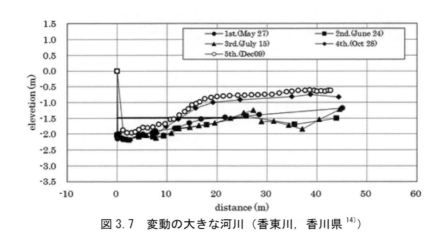

図 3.7　変動の大きな河川（香東川，香川県 [14]）

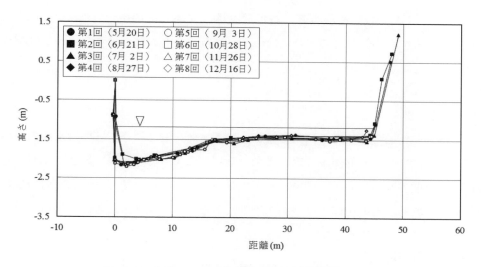

図 3.8　変動の小さな河川（香東川，香川県 [14]）

　浸食によって川幅が大きくなると流速が小さくなるので掃流力が低下する。蛇行河川 [18]（写真 3.4）のように横断面の流速の差が大きな場合には，流れの速い河岸において浸食された土砂は流れの遅い河岸に堆積する。掃流力が低下し，堆積方向に転化する。また，河岸に繁茂している植生は抵抗となり流速を減速させるので植生がある区間では堆積傾向となる。

3.9.2　河床形態

　河川によって形成される地形の事を河床形態という。河床形態はその規模に応じて区別され，小規模河床形態と中規模河床形態，大規模河床形態に分けて整理される。小規模河床形態は河床波の事をいい，水平二次元的な形状であり，横断方向にほぼ一様な形をしている空間的スケールである。中規模河床形態は砂州地形を指し，三次元的な河床形状を示し，流れの方向にも横断方向にも河床の高さが変化する。砂州は水深よりも大きい川幅規模である。

大規模河床形態では通例，蛇行を指すことが多く湾曲部内部に形成される固定砂州や交互砂州 [19]，複列砂州 [20] などに分類される。

　交互砂州や複列砂州は河川を上から見たときに流れを左右に偏らせるほどの規模を持ち，浅瀬と深い淵を

写真 3.4　蛇行河川の例（出典：Google Earth）

18 河川が虹のように曲がった流路となって流れること。
19 左右交互に砂州が形成された状態のこと。
20 交互砂州のパターンが複数形成される状態のこと。

作り出す。蛇行していない直線河道（図3.5）であっても，その中の流れに強制的な二次流[21]を生み出す。そのため，前者の場合には河道が蛇行したものに，後者の場合には網状のものに変化していくことが多い。

3.9.3 河床波

土砂が移動を始めると特有の河床形態が生じる。河床波は粒径あるいは水深の規模流れと河床面との間に発生する界面不安定（微細な乱れ）によって，周期的な波状地形が発生する。小規模河床形態のうち，砂漣，砂堆などが生じることがある。$R_e < 10$ で砂漣，$R_e > 20$ で砂堆が形成される。その中間では砂漣か砂堆，あるいは砂堆の上に砂漣が乗っている状態となる。以下に詳しい形態を示す。

（a）砂漣（ripple）

河床にできる形状のうち最も小さなスケールのものである。これが十分に発達すると三日月状の平面形状を有する三次元的な隆起となる。砂漣の幾何形状は水深と無関係であることが知られている。その波長は30cm以下，波高は3cm以下である。0.6mm以下に現れる細かい波状の縞模様である。

砂漣は発達した形状では三次元的なものとなる。砂堆上の流れでは，水面の変化は砂面の変化と逆位相であり，砂面の頂部で水面が下がり，砂面の谷で水面が盛り上げる。Froude数[22]が1を超えて射流となると反砂堆が出現する。

（b）砂堆（dune）

砂堆は波長が約30cm以上になり，上流側が緩やかな斜面をなし，下流側は移動してきた土砂が堆積して形成されるので，砂の安息角[23]にほぼ等しい角度の斜面となる。砂堆の幾何形状は水深の関数となり，ほぼ二次元的な形態である。

砂堆は砂漣に比べて規模はずっと大きくなり，砂堆の領域に入ると河床波と水面波の相互干渉が見られる。

（c）反砂堆（anti-dune）

砂堆の反対の河床波は見かけ上，それぞれ上流側に進行する。反砂堆上の流れでは水面と砂面の変化は同位相となる。

小規模河床形態と流れについて図3.9に示す。

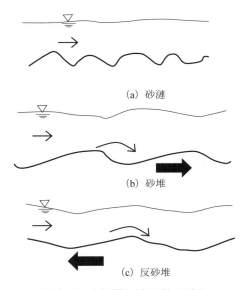

（a）砂漣

（b）砂堆

（c）反砂堆

図3.9　小規模河床形態と流れ

21　遠心力の作用によって生じる断面内の循環流である。
22　流体の慣性力と重力の比を表す無次元量である。
23　土砂が崩れずにとどまることのできる最大傾斜角である。

3.9.4 中規模河床形態

河川における土砂の移動は洪水時に大きく生じる。河床の基本的な形状は大規模な洪水の流れにより形成される。川幅と水深の比が大きい河川では洪水時の流れも川幅と比べれば非常に浅い流れとなる。前述した砂漣と砂堆は小規模なものであり，局所的な現象であるのに対して，中規模河床形態の大きさは川幅規模であり，緩やかに河床が変化する。中規模河床形態は常流においても射流においても出現する。

3.9.5 淵の分類

流れが河床を浸食すると淵が形成される。固い河床から柔らかい河床に移行した場合や，滝壺や段落ち流れ（落差が大きな流れ）などの淵は Substrate（S 型：河床材料）と分類される。また，大きな岩の周りや橋脚周辺などでは Rock（R 型：岩）となる。河川の蛇行部では，遠心力などの作用で強い螺旋流が生じ河床面土砂を浸食・運搬するため Meandering（M 型：蛇行）となる。堰の上流側の河床が深掘れしたものは Dam（D 型：ダム）となる。旧澪筋の名残や人為的な掘削による本流から入り込んだ深みでは Ox-bow（O 型：三日月）が形成される。

瀬淵については第 7 章で説明する。

3.10 治山と砂防

地表面は外力の作用を常に受けているため，風化され，流れによって土砂を生産する。定常的な土砂生産の場合，人間社会の受ける被害はあまり大きくはならない。しかし，森林の伐採や土地利用形態の変化などの人の手による作用が働くと，人間社会の受ける被害が大きくなる場合がある。また，ごく短い時間の大量の土砂生産も被害をもたらす。

土砂の被害を防止する対策として「治山」と「砂防」がある。森林法に基づき行うのが治山事業であり，砂防法に基づき行うのが砂防事業である。元来，「治山」も「砂防」も目的は同じであり，組み合わせて対策されることが多い。河川法（1986），森林法・砂防法（1897）のいわゆる治水 3 法が成立して近代的な砂防事業・治水事業が本格的に始まり，約 100 年で様々な対策が行われてきた。

土砂災害を防止・軽減するために主に砂防設備を設置することで進められる。これは，災害の原因である土砂移動を人為的にコントロールすることにより，土砂輸送を制御する手法である。土砂の移動の場に注目して分類すると以下ようになる。

(1) 土砂の発生源における対策

災害の原因となる土砂移動をコントロールして災害の発生を防止する。

(2) 土砂の移動中における対策

発生した土砂の移動を途中で停止，方向をコントロール，また，一部を補足するなどの構造物により制御する。

(3) 移動土砂の停止・堆積場における対策

　　移動する土砂の停止の促進や安全な堆積場の確保により，災害の発生や拡大を防止する。

3.10.1　流水による土砂の浸食

　表面水の流出量が多くなると流下土砂量も多くなり，やがて浸食が進行する。浸食が進行するにつれて地表面上には小さな凹凸が見られるようになり，リル（rill）が形成される。その後，1本の大きなリルが他のリルを包含したりするなど，数本のリルが合流して，規模の大きなガリ（gully）が形成される。しかし，ある程度ガリが発達すると，浸食力と抵抗力が平衡に達し，その後は表面の浸食があまり進まなくなる。

　流水による浸食作用には斜面浸食と渓流浸食がある。斜面浸食とは流水によって地表面のごく浅い部分が削られる現象で表面浸食と呼ばれ，次の様な浸食過程を経て拡大していく。

(1) シート・エロージョン（sheet erosion）

　　浸食の初期の段階で雨滴による飛沫浸食や雨水による土砂の運搬など，固結していない砂やシルトを洗い流す。

(2) リル・エロージョン（rill erosion）

　　地表の凹みに小規模な雨裂（リル）が形成される。

(3) ガリ・エロージョン（gully erosion）

　　リルが集中・拡大して明瞭な溝（ガリ）を形成する。

　渓流浸食とは，ガリが拡大した渓流が流水によって削り取られる形態の浸食である。河床が浸食される縦浸食と河岸が浸食される横浸食に分けられる。両者ともに河床・河岸の抵抗力に対して流水の持つ浸食力（掃流力）が大きい場合に生じる。渓流の浸食には縦浸食と横浸食の2種類がある。縦浸食を受けると大量の土砂が生産される。さらに，河床が洗掘して法面が露出し，山腹斜面が不安定となり崩壊が起こる危険性が高くなる。

3.10.2　治山

　治水計画は流域全体を考えた計画となっているが，土砂流送制御計画については，流域全体を考えた計画となっていない。治山のために構造物の工事を行うことがある。ここでは代表的な工事例について以下に示す。

・山腹工事

　砂防工事には水源域で生産される土砂量を減少させるために直接方式として山腹工事を行う。

・渓流工事－ダム工

　渓流には水や土砂が大量に流れ，それにより浸食が起こる。災害や森林の荒廃が原因の渓流の浸食の場合，水や土砂の流れをコントロールする工事が行われる。これを，渓流工事という。

　渓流工事には，砂防ダム（砂防堰堤）による土砂貯留・調節工[24]と山地から流出した土砂および山腹崩壊の原因の一つである渓岸の浸食防止工とがあり，主としてダム工が用いられるが実際には両者併用されることが多い。

　ダム工は渓流工事として最も重視されているものであるが，その主な理由は，以下のようである。

① 上流からの流下土砂をためて貯留と調節を行い，下流への土砂量を減らす。

② 大きな粒径の礫・転石を止めて下流への流送土砂を細粒化し，それによって流水の破壊力を小さくする。

③ ダム上流側の渓床を高くすることによって両岸の傾斜を緩くし，また河幅を広くして，浸食力を減少させる。

・スリットダム

　スリットダムとは，砂防ダムの形式の一つであり，通水部にスリットや鋼管などの格子状構造物を設けたものである。土石流や流木対策として，砂防ダムや治山ダムの構造として良く用いられる。

　ここで，代表的な構造物として砂防ダムについて説明する。写真3.5に示されるようにダム上流側では洪水時に多量の土砂が上流部に貯留され，その洪水の減衰時およびその後に起こる中小洪水により貯砂地に貯まった砂が少しずつ下流へと流れていく構造となっている。このように砂防ダムは流下する土砂が大量に下流へ流れるのを防ぎ，流砂量の調整を目的と

写真3.5　砂防ダムの一例

[24] 放流する水量を調節するための設備である。

して設置される。

　この他に治山事業として植林がある。植林により，山地災害を防止し，水源の涵養などを行うために森林の保全が行われている。また，自然と調和した美しい流路工として，牛伏川フランス式階段工[25]がある。

3.10.3　砂防

　砂防とは山地から流出する土砂や砂礫を抑制・調節することによって水源地域を保全し，この流出土砂による災害を防ぐ技術である。砂防（Sabo）という言葉が国際語になるほどわが国では古くから水源地と河川上流部において砂防事業が盛んに行われきた。砂防の目的は流出土砂による直接・間接な被害に対処するためのものであって，特に砂防計画においては流出土砂量を基準としている。これが計画の基本量というべきものであり，流出土砂の立場から考慮すべきである。

　土砂流出は土砂の生産と流送という二つの過程から成り立っているため，生産過程の土砂量については予測的な推定によらざるを得ないのが現状となっている。山地渓流で土砂の生産に伴う流出土砂を生産土砂といい，河川流により河道を移動するものを流送土砂という。特に，砂防区間[26]においては土砂の移動量を考慮しているが，河川区間においては土砂の移動が少ないこともあり，検討を必要とする区間のみ考慮している。

　土砂量がどの程度必要であるかについて，下流や海岸域での必要量を総合的に判断した上で，砂防区間での生産と流送を制御することにより，砂防区間と河川区間での整合について検討する必要がある。

3.11　砂州と河口

　河口部には，波浪や潮汐流，河川流などの様々な外力が作用しさらに海水の塩分と河川からの淡水の密度の違いなどから，その地形変化は複雑なものとなっている。

　河口に堆積した砂により，河口砂州が形成される。この砂州は，塩水の遡上を防ぐ役割があるが，洪水時に上手くフラッシュ（砂州が流される事）しないと洪水被害を大きくする要因ともなる。

　洪水時に流された砂州は波浪により徐々に回復する。よって，河口砂州の回復には河口域の地形が影響する。

---

25 自然石を積み上げて造られた大小の階段状の水路を水がリズミカルに流れ落ちる欧風でモダンな階段状の流路工であり，日本で最も美しい砂防施設とも呼ばれている。フランスのデュランス川に施工された砂防施設を参考にしたためにフランス式と言われている。
26 砂防では，渓床勾配により渓流を土石流区域と掃流区域に区分して砂防計画を策定している。

写真 3.6　河口砂州の様子（秋田県，雄物川）

写真 3.7　河口砂州の様子（秋田県，米代川）

写真 3.8　河口砂州の様子（秋田県，子吉川）

一例として秋田県を流れる一級河川の雄物川を挙げる。写真3.6に示されるように，河川の両岸から砂州が形成されている。一方で，波浪や河川流量などの条件の違いから写真3.7に示されるように片側からのみ砂州が伸びることもある。また，構造物の設置により河口が整備された結果，砂州が存在しない河川もある（写真3.8）。

コラム（土砂が密度に与える影響）

　本章では土砂の水理を扱ってきた。密度が流れに与える影響は思った以上に大きく，構造物にかかる水平力は単純に下記のように表すことができる。

$$F_H = \frac{1}{2}\rho g h^2$$

　F_H は水平力（N），ρ は密度（kg/m³），g は重力加速度（m²/s），h は水深（m）である。通常の場合では水の密度は ρ =1（kg/m³）として扱われるが，例えば海水では ρ =1.03（kg/m³）となり，流体が変わっただけでその大きさが変化することが分かる。ここで，本章で学んだ土砂を含んだ流体の場合はどの程度になるかを考えると，土砂を含んだだけで流体の密度は ρ =1.2（kg/m³）となり，その力が1.2倍になることを示している。そのため，洪水時には橋脚などの構造物が受ける力も大きくなるのである。当然，人が受ける力も大きくなるので洪水時には注意が必要である。

コラム（アインシュタイン）

　読者の方はアインシュタインと聞けば，アルベルト・アインシュタインを思い浮かべるかもしれない。しかし，水理系の研究者でアインシュタインといえば，ハンス・アルベルト・アインシュタイン[15]がまず浮かぶ。これはハンス・アルベルト・アインシュタインがカリフォルニア大学バークレー校の水理学者であったためである。特に本章で説明してきた掃流砂に関する研究を行い「アインシュタイン型掃流砂量式」などを後世に残している。アインシュタインといえば父の方が目立ちますが，偉大な功績を遺した息子にも注目して欲しい。

参考文献

1) 河内　香織：河川における粒状有機物の移動と水生生物による利用─河川上流から沿岸海域における各場の特性と共通点，日本生態学会誌61，pp. 31-32，2011.

2) 土木学会　地盤工学委員会：土質実験のてびき，土木学会，169p，2011.

3) 鶴見一之：沈降速度の理論及 実験，土木学会誌，第18巻，第10号， pp. 1059-1094，1932.

4) Egiazaroff, I. V. :Calculation of nonuniform sediment concentration, Proceedings of ASCE, Vol 91, HY4, pp. 225-247, 1965.

5) 芦田和男，道上正規：移動床流れの抵抗と掃流砂量に関する基礎研究（1），土木研究所報告集，第206号，pp. 59-69，1972.

6) Bagnold, R. A. : The Flow of Cohesionless Grains in Fluids, Philosophical Trans., Royal Soci. of London, Vol. 249, 1957.

7) 佐藤清一，吉川秀夫，芦田和男：河床砂礫の掃流運搬に関する研究（1），土木研究所報告，第98号，pp. 13-30，1956.

8) 佐藤清一，吉川秀夫，芦田和男：浮遊砂に関する研究（1）─河床付近の濃度，京都大学防災研究所年報，第13号，pp. 233-242，1970.

9) Einstein, H. A.: The Bed-Load Function for. Sediment Transportation in Open Channel Flows, Tech. Bulletin, No. 1026, 1950.

10) Itakura, T. and Kishi, T. : Open channel flow with suspended sediments, J. of Hyd. Div., ASCE, Vol. 106, HY8, pp. 1325-1343, 1980.

11) 板倉忠興：河川における乱流拡散現象に関する研究，北海道開発局土木試験報告，第83号，1984.

12) Nomura, K. and Watanabe, K.: Survey on Relationship between the River Topography and Water Level Fluctuation at Kotogawa River, The 12th International Symposium on River Sedimentation (ISRS2013), 2013. (USB)

13) 渡辺一也・野村一至：瀬戸内の中小河川を対象とした河床土砂移動の検討，混相流シンポジウム2013概要集，2013（USB）

14) 野村一至・渡辺一也：汎用モデルを使用した2級河川に関する河川管理手法の検討，土木学会地球環境研究論文集，第22巻，p. 235-240，2014.

15) 中藤達昭・福岡捷二：ハンス・アルバート・アインシュタイン，技報堂出版，129p，2015.

全般にわたる参考書

岩佐義朗：最新河川工学，森北出版，158p，1982.

岩崎敏夫：応用水理学，技法堂出版，241p，1991.

太田猛彦・高橋剛一郎：渓流生態砂防学，東京大学出版会，246p，1999.

木村和正：水工水理学，231p，1997.

駒村富士弥：治山・砂防工学，森北出版，228p，1985.

篠原謹爾：河川工学，共立出版，183p，1975.

関根正人：移動床流れの水理学，共立出版，207p，2005.

高瀬信忠：河川工学入門，森北出版，243p，2004.

高橋　裕：新版河川工学，東京大学出版会，318p，2008.

高谷精二：砂防学概論，鹿島出版会，254p，1991.

玉井信行：水理学2，培風館，207p，1989.

土木学会：水理公式集【平成11年版】，713p，2010.

土木学会：土質実験の手引き，169p，2010.

平山秀夫・辻本剛三・島田富美男・本田尚正：海岸工学，コロナ社，191p，2003.

福岡捷二：洪水の水理と河道の設計法，436p，2005.

吉川英夫：流砂の水理学，543p，1985.

第4章

治　水

4.1　はじめに

　日本は，台風や前線などにより豪雨が頻発し，地形が急峻で，毎年のように洪水氾濫が生じ，水害に苦しめられてきた。そのため，古くより為政者は水害の防止・軽減を図ることを最重要国策の一つとしてきた。

　日本の河川工事は遠く弥生〜飛鳥時代より発し，戦国時代から江戸時代にかけて多く行われ，全国各地において独特に発達した。明治初期，政府は治水の先進国オランダから技師を招聘して直轄河川[1]修復事業を起こした。そして，日本古来の治水工法は欧米の近代的技術と融合して，日本独特の近代的治水技術が完成した。

　広義に治水とは，河川による公共の利益を増進し，災害を取り除くすべての方策を意味する（宮本武之輔，1936）。すなわち，洪水防御，舟運や灌漑用水の確保，そしてその上流の砂防や水源山地の植林までも治水と総括できる。狭義には治水と利水を区別する。前者は主として洪水防御を指し，後者は主として舟運や河川の流水を灌漑，発電などへの利用を指す。ただし，工事によっては治水と利水の両目的を併有するものがあり，判然たる区別が困難である。治水工法は個々の河川における各種の条件に基づくので，一定の方式で全ての河川を律することは困難であるが，大枠にて次の3原理をもって治水工法を考えることができる（表4.1）。

　本章では，はじめに主な治水工法に関して具体的な事例とともに説明し，その後，ここ数十年で私たちが経験した，水害の発生メカニズムとその特徴について述べる。そして，近年の治水政策と治水計画について説明し，激化する水害に対する取り組みについて述べる。

4.2　主な治水工法

4.2.1　砂防工事

　山腹を保護して斜面の崩壊を防止することと，崩壊土砂を滞留して下流への流出を防止すると同時に渓流の河岸および河床の浸食洗堀を防止することを目的とする工事（詳細は3章を参照）。

1　国土交通大臣が直接管理する一級水系の中で特に重要な幹川の区間

表 4.1　治水工法の根本方策 3 原理（宮本武之輔，1936）

洪水量の調整	流域内の降雨が急激に河川に集中するのを防ぐために，水源域の森林造成や，**貯水池**や**遊水地**を設けて洪水量を調整する方策．すなわち，洪水の時間的集中を防ぎその最大流量を低減する方策。
障害物の除却	河川内に集中した水を，なるべく速やかに海に流下させるために，流路を整理して水流を阻害する障害物を除却する方策．もしくは積極的に流路を改良する方策．例えば，流路の湾曲を直線化し，河道の掘削を行うほか，流路延長を短縮する**捷水路**（しょうすいろ），洪水を海に流下させる**分水路**，合流した河川を分離疎通させるための**分流**などが治水工法である。
氾濫の防止	洪水量は一時河道内に貯留しなければならないため，必要な河積（かせき）（河川の横断面において水の占める面積）を設けなければならない．すなわち，川幅を拡大し，河床を掘削し，両岸には**堤防**を作り氾濫を防止する方策．

4.2.2　貯水池

　河川を横断して堰堤（例えばダムや堰）を設けて，洪水の一部を一時的にそこに貯留して下流の洪水位を低下する工法（詳細は第 6 章を参照）。

4.2.3　遊水地

　遊水地は，天然または人工的に洪水時の流水を一時的に氾濫させる区域を造り，洪水の一部を一時的に貯留する工法をいう（写真 4.1）。貯水池は山間部に分散して広域に設置する必要があるが，遊水地は下流側で集水した洪水を直接調整するので確実な効果がある。また，市街地への氾濫を防ぐために相対的に被害が少ない農地を遊水地的機能に活用するなど，どこを重点的に守るかの選択が可能となる。一方，遊水地は用地買収や地役権（ちえきけん）の設定などコス

写真 4.1　左：平常時の一関遊水地，右：洪水時の遊水地

岩手河川国道事務所（http://www.thr.mlit.go.jp/iwate/）

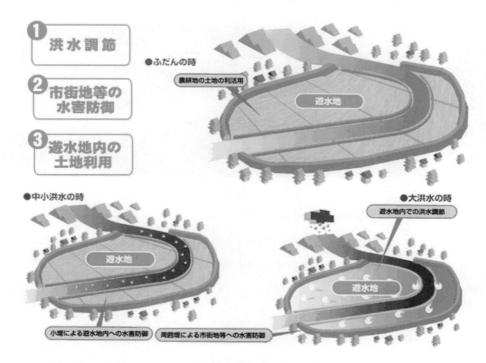

図 4.1　遊水地の仕組み　岩手河川国道事務所（http://www.thr.mlit.go.jp/iwate/）

トが掛かる。また，遊水地の農業被害に対して保証する仕組みが必要である。

　北上川水系の一関遊水地（遊水地面積：約 14.5km²）は，昭和 22 年（1947）カスリン台風および昭和 23 年（1948）アイオン台風の洪水による大水害を契機に計画され，昭和 47 年（1972）に事業着手された（写真 4.1）。この地区は，下流に非常に川幅の狭くなった区間（狭窄部）があり，また勾配が緩いため下流区間の河川の流下能力が上流区間に比べて極端に小さく洪水が起こりやすい。一関遊水地は，このような地形的な特徴を踏まえ，北上川の洪水ピーク流量を低減し，下流部の氾濫を防止するとともに，狭窄部の拡張や築堤などの改修負担を軽減する洪水調整施設である（図 4.1）。一関遊水地は，平時は水田などに利用され，洪水時だけ水が溜まる。周囲堤と小堤からなる二線堤方式（図 4.1）を採用している。遊水地内では，中小洪水は小堤が遊水地内への氾濫を防止し対象となる農業地帯の被害を最小化し，大洪水時には周囲堤が市街地への氾濫を防止する仕組みになっている。

4.2.4　越流堤

　河川の洪水位を低下させるために特定の箇所において堤防を低く造り，一定水位に達すると河水の一部をこの部分から堤内に越流させる。これを越流堤という。堤内に流入した水は本川の水位の下がるのを待って河川に戻す（詳細は第 5 章を参照）。

4.2.5　調整池・調節池

　下流の河道が洪水を流しきれない場合に，洪水の一部を一時的に上流に貯める池である（写

写真 4.2　霧が丘雨水調整池

関東地方整備局（http://www.ktr.mlit.go.jp/ktr_content/content/000077810.pdf）

真 4.2）。調整池は主に土地の開発者が設置する暫定施設，調節池は主に河川管理者が設置する恒久施設と区分されている。

4.2.6　捷水路（しょうすいろ）

　流路の湾曲は，流路延長を長くし水面勾配を緩やかにし，洪水を滞留させる。この対策として，流路を短縮し，水面勾配を増大させ，洪水を速やかに流す工法をいう（図4.2）。

　雄物川水系の大曲捷水路（写真 4.3）は，昭和 28 年（1953）に着工され，昭和 44 年（1969）に完成した。雄物川の治水の歴史は古く，幾多の水害に悩まされ，明治以降，幾度となく改修工事が実施されてきた。大曲市

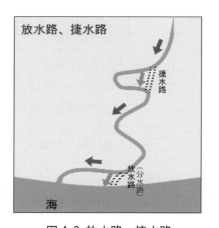

図 4.2　放水路・捷水路

東北地方整備局山形河川国道事務所（http://www.thr.mlit.go.jp/yamagata/index,html）

は，江戸時代から河港（かこう）として栄えたところである。雄物川本川は大曲市の南西より，市街地（右岸側）にに接近して著しく偏曲している（写真 4.3 左）。この偏曲頂点部に丸子川が合流し，屈曲部では中規模洪水でも付近に氾濫し甚大な被害を与えていた。このため，洪水時の疎通（そつう）

写真 4.3　大曲捷水路改修工事中（昭和 36 年）右：大曲捷水路完成後（平成 22 年）

国土交通省（http://www.mlit.go.jp/riv er/toukei_chousa/kasen/jiten/nihon_kawa/0209_omono/0209_omono_01.html）

能力を高め，氾濫を防止する目的で大曲捷水路は計画された。捷水路を開削したことにより，治水安全度は上昇し，洪水被害を軽減させ，旧雄物川を挟んで市街地の対岸にあった土地を市街地と地続きにできた（廃川敷面積 0.13 km²）。捷水路の高水敷は，雄物川河川緑地として 1.89 km² が都市計画公園に位置付けられアメニティ効果を生み出すとともに，花火大会の規模の拡大を可能とし，東北地方の代表的なイベントである大曲花火大会として，大曲市の経済に大きく貢献している。

4.2.7　放水路（分水路）

放水路は，本川に比べて短距離で洪水を海に導水する。または，河川改修工事が難しい際，新水路によって洪水を放流する工法をいう（図4.2）。放水路は放流先によって以下の形態がある（表4.2）。

信濃川水系の大河津分水路は，越後平野の中央を

図 4.3　信濃川と大河津分水路

北陸地方整備局信濃川河川事務所（http://www.hrr.mlit.go.jp/shinano/bunsui/index.html）

貫流する信濃川の河口から約55kmに位置し，信濃川が日本海に最も近づく大河津から寺泊海岸まで開墾された，全長約10km，幅720mの人工水路である（図4.3）。信濃川の洪水を日

表 4.2　放水路の形態分類（岩屋隆夫，2004）。（）は現存する 348 放水路に占める割合

湖海放流 (32.8%) I 形態 ////// ：新川	上流側合流点 変更方式 (23.4%) II 形態
下流側合流点 変更方式 (3.4%) III 形態	他支川放流 方式 (16.9%) IV 形態
バイパス方式 (11.4%) V 形態	他流域放流 方式 (12.1%) VI 形態

本海へ流し，日本有数の穀倉地帯である越後平野を水害から守っている。越後平野はかつて，信濃川の度重なる洪水によって壊滅的な被害を受けてきた。分水は1716年（享保1年）に，寺泊町の本間数右衛門らによって計画され，その後，代々実現に努めたが，弥彦山地と西山山地間を掘削しなければならない難工事で実現せず，明治42年（1909）に国家事業として実現することになり，大正12年（1923）に15カ年を要してようやく完成した大工事であった。この完成によって，かつて腰まで浸かっていた5万枚の湿田が水はけの良い乾田に変わり，沿岸住民を洪水から救い，新潟港の築港を促進した。

コラム　新潟砂丘の消失

　洪水対策として分水工事が果たした役割は新潟平野の発展を通じて高く評価でき，これらの先駆的な大工事が推進されていなかったならば幾度か大氾濫災害を被っていたであろうことは想像に難くないです。しかし，明治29年から始まった新潟西港の防波堤建設，大正11年の大河津分水路に代表される信濃川の治水工事，昭和30年代から地盤沈下を主な要因として，新潟海岸は著しい侵食性の海岸へと変化しました。現在は，国土交通省，新潟県による護岸，突堤，離岸堤などの海岸保全施設の整備により現状の海岸線は維持されていますが，雄大な砂浜は完全に消失しました（土屋ら，1995）。

　砂防工事や貯水池など治山・治水事業が進むと海岸に供給される土砂が減少します。しかし，土砂を流すと河床は上がり，洪水の流下に問題が生じます。どの程度の土砂量が下流河川，海岸域で必要とされているかを総合的に判断し，砂防区間での生産土砂量と流送土砂量の関係を制御することによって，砂防区域と河川区域の間で土砂輸送量の整合性が求められ，これがまた海浜環境の保全につながることになります。これからは，水系における健全な水管理だけでなく，流砂系における健全な土砂管理も実現していくことが，河川流域における治水と環境を総合的に扱うための鍵であり課題です。

4.2.8　水路付替

　河道の位置を変更することを水路付替といい，捷水路や放水路（分水路）もこれに含まれる。
　利根川は，首都圏の水源として日本国内の経済活動において重要な役割を果たしている。古来，利根川は太平洋ではなく，江戸湾（現在の東京湾）に注いでいた。利根川は，天正18年（1590）徳川家康の江戸入府を契機に数次に渡る水路付替の結果，現在のような流路となった。その中で，最も大きな事業が江戸湾から銚子へと流路を変える東遷事業である（図4.4）。
　江戸の食料を関東でまかなう新田開発のため，利根川・荒川などの支川の流路を統合（利

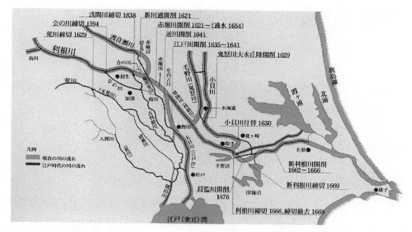

関東地方整備局（http://www.ktr.mlit.go.jp/tonejo/tonejo00185.html）

図4.4　利根川東遷事業

根川の東遷，荒川の西遷）し，低湿地の排水，新たな用水路の開削などを行った結果，江戸幕府を支える大穀倉地帯が誕生した。新田開発は石高の増加に加え人口や村の数までも増やし，江戸を大都市へと発展させた。利根川の東遷・江戸川の開削により，利根川の舟運は急速に発達し，江戸の経済発展を支えた。それとともに沿岸には河岸といわれる街道の宿場町のような集落も形成された。

4.2.9　分流

　二つ以上の河川が，合流によって水害が増幅されるのを防ぐ目的でそれらの河川を分離させる工法をいう。別々に海に注がれる場合と，背割堤によって合流点を下流に下げる場合とがある（詳細は第5章を参照）。

　濃尾平野を流れる木曽3川（木曽川・長良川・揖斐川）は，古くから洪水による水害が多く，大洪水によって分流・合流を繰り返していた。濃尾平野は東高西低の地形で各河川は低い方へ向かって流れるため，かつては洪水が西側に集中し，恒常的に被害をもたらしていた。そこで，明治20年（1887）から明治45年（1912）にかけて明治政府は，3川の完全分流を目指して，オランダの土木技師ヨハニス・デ・レーケの作成した木曽3川改修計画に基づいて，当時の国家予算の約12%という巨額の予算を投じた工事を行った。主な目的は，

写真4.4　木曽・長良背割堤

中部地方整備局木曽川下流河川事務所（http://www.cbr.mlit.go.jp/kisokaryu/chisui/06meiji_2.html）

1）洪水の防御をすること
2）堤防内の排水を改良すること
3）舟運路の改善をすること

であった。この改修により，木曽3川の下流部はほぼ現在の形となった（写真4.4）。

4.2.10　築堤

洪水の氾濫を防止するために下流の平野部において，その両岸に堤防を設置する工法をいう。堤防と流路の間に高水敷を設ける（詳細は第5章を参照）。

4.2.11　護岸

河岸または堤防を保護するために石材，木材，鉄材，コンクリートなどを用いてこれを被覆する工法を護岸といい，河岸保護のためにするものを低水護岸，堤防保護のためにするものを高水護岸とよぶ（詳細は第5章を参照）。

4.2.12　水制

河岸の保護，水勢の緩和，幹川流路の整正などの目的のため，河岸から河身（幹川の中心線）に向かって横断方向に設ける工作物を水制という。まれにこれを流水の方向に設けることもあり，これを併行工という（詳細は第5章を参照）。

4.2.13　床固

河床が著しく削られることを防ぐために河川を横断して河床に設ける工作物を床固または床止（とこどめ）という。急勾配の河川上流部または捷水路，分水路のような流速が早い箇所に必要となる（詳細は第5章を参照）。

4.2.14　掘削浚渫

堆積傾向にある河道は土砂の堆積によって河積が小さくなり，十分な流量を稼げなくなる。洪水流量を確保するために，堆積土砂を取り除く必要がある。その陸上におけるものを掘削，水中におけるものを浚渫という。

4.3　近代における水害の歴史

本節は，近代における水害の歴史に関して詳しくまとめられている，水の日本地図（2012）を参考にまとめた。

4.3.1　外水氾濫

普段，恵みをもたらす川も，大雨が降るとその表情は一変する。川から水が溢れ，堤防が決壊し，人命や家，田畑が失われる。堤防は主に洪水時に水が河川区域以外に出ないようにするものであり，堤防に守られた市街地を堤内地と呼ぶ。堤防の外側，すなわち川側を流れ

る水を外水とよぶ。

　この外水の氾濫（外水氾濫）は，堤防がある区間から水が溢れる有堤部溢水，堤防がない区間から溢れる無堤部溢水，堤防が決壊し氾濫する破堤の三つに分類される。特に破堤は，外水氾濫全体の発生回数のうち1割程度であるが，その被害額は3割にのぼり，1回あたりの被害が甚大となる。洪水時の川の水位は，堤防によって堤内地の地盤高より高い位置に維持されており，堤防が決壊するとその高い位置から水が一気に市街地に流れ込み壊滅的な被害をもたらす。例えば，平成27年（2015）9月の関東・東北豪雨により，茨城県の

写真4.5　2015年鬼怒川破堤

国土交通省 (http://www.mlit.go.jp/river/toukei_chousa/kasen/jiten/nihon_kawa/0303_kinugawa/0303_kinugawa_02.html)

鬼怒川や宮城県の渋井川で破堤し，氾濫流によって多くの家屋が全壊するなど近年稀にみる壊滅的被害が生じた（写真4.5）。歴史的な大水害として記憶されている外水氾濫のほとんどが，このような破堤を伴ったものである。

　外水氾濫が頻発する地域は「水害常襲地域」と呼ばれ，主に川の狭窄部の上流や，山間の地域，川の合流点などに多く存在する（梯ら，2014）。例えば，北上川の岩手県一関市や雄物川の秋田県大仙（だいせん）市は狭窄部の上流に位置し，水害に悩まされてきた地域である。

コラム　複合災害

　1948年の福井震災や1959年の伊勢湾台風は，同種・異種の災害が連続発生した複合災害であり，甚大な被害をもたらしました。近年の同種の例は，2005年のハリケーン「カトリーナ」と「リタ」による被害であり，異種は，東日本大震災における地震，津波，原子力事故による被害にあたります。複合災害は，複数の外力によって，それぞれが単独で発生するよりも被害が増幅するという特徴があります(河田惠昭，2016)。

　今後，地球温暖化に伴い，台風の大型化とその発生頻度が増加することが予測されています。そのため，伊勢湾台風のような洪水と高潮が同時に発生する複合災害が，将来的に増加することが懸念されます。最悪の被災シナリオを考える中で，発生確率がたとえ小さくても，複合災害を検討していくことが必要です。

あぶさん
阿武山
（標高586m）

写真 4.6　2014 年広島斜面災害

国土交通省（http://www.mlit.go.jp/river/sabo/H26_hiroshima/141031_hiroshimadosekiryu.pdf）

4.3.2　土砂災害

　崖崩れや地すべり，土石流によって，人命や資産が失われる災害のことを土砂災害と呼ぶ。土砂災害は，その突発性から，人の命が失われる可能性が高い災害の一つである。

　昭和 30 年代に入ると，治水工事がある程度の水準に達したことにより，単独で死者が1000 人前後にのぼるような風水害は起きていない。従来の外水氾濫に代わって土砂災害が水害の主役になり，昭和 40 年代以降の水害による人的被害は，それら土砂災害での死傷者が大半を占めている。1967 年から 2004 年までの地震を含む全自然災害による死者数 31% は土砂災害によって発生している。例えば，平成 25 年（2013）10 月台風 26 号による伊豆大島の土砂災害や，平成 26 年（2014）8 月豪雨による広島市の土砂災害では壊滅的被害が生じた（写真 4.6）。集中豪雨による被害が目立ち，豪雨のたびに山崩れ・崖崩れや土石流が生じて，それに伴う災害が繰り返されている。

4.3.3　都市化の拡大と水害の変化

　降雨は，下水道や排水路，ポンプ施設によって河川へと排水される。しかし，これらの施設の排水能力を超えるような豪雨や，排水先の川の水位が高い場合，排水できずに家や道路，田畑が浸水する。このような水害を内水氾濫という。

　昭和 30 年代以後，大都市圏への人口流入が進むにつれて，それまで人があまり住んでいない低湿地や田畑，あるいは周辺の丘陵地帯が宅地として開発された。その結果，梅雨期や台風による豪雨の際に，近郊の住宅地などで小河川が氾濫して浸水被害や斜面災害が生じる都市型水害は全国の大都市で多発している。その原因として以下が挙げられる（図 4.5）。

　①　起伏の多い台地や低湿地などの地盤が軟弱な土地に住宅が建てられたこと（被害ポテ

ンシャル（被害を被る潜在性と大きさ）の
増大）

② 宅地開発で水田や未利用地が大幅に減少
し，また自然の遊水地が消滅したこと

③ 河川や下水道・排水溝の整備が不十分の
まま大規模宅地開発を進めたこと

④ 住宅の増加とともに生活排水が増えたこと

⑤ 道路の舗装や宅地の拡大に伴い雨水が浸
透せず，河川に直接流出するようになった
こと

例えば，2017年までの過去約30年間に東京
特別区で発生した水害被害額の8割近く，同じ
く名古屋でも9割，大阪市に至ってはほぼ10
割が内水氾濫によって発生している。平成12
年（2000）9月東海水害や平成17年（2005）
の首都圏での水害など，水害に対して脆弱な地

宅地造成等により、雨水が地下に浸透せず河川等に一度に流出し浸水被害をもたらす

図4.5　流域の開発と都市の洪水
国土交通省（http://www.mlit.go.jp/common/
000027098.pdf）

域に人口や経済活動の集積が進んできたため，一度の水害による被害額の大きさが防災上の
課題となっている。ハザードマップのように水害発生前に危険度の高い地域を市民に対して
周知するなど，ハードとソフトを組み合わせた対策が被害を軽減するのに重要な役割を持つ。

コラム　急増する流木災害

　河川における流木は主に，枯死，風倒，河岸侵食，斜面崩壊，土石流および森林
施業といった生物的・物理的・人為的要因が複合的に作用して発生して，有機物や
土砂を貯留する他，魚類や底生生物の河川内生息場所となり種多様性に貢献します
（Fremier et al., 2010）。しかし，森林の増加する一方，管理が十分でなく，豪

写真4.7　2016年北海道・東北豪雨による流木流出

雨の増加もあいまって流木（河川や海に流れ込んだ樹木やその一部）が災害被害を拡大しています。例えば，2014年広島土砂災害，平成28年（2016）北海道・東北豪雨災害，平成29年（2017）九州北部豪雨災害にて大規模な土石流に伴う流木流出が被害を拡大しました（写真4.7）。

　日本ではかつて木材が人々の重要なエネルギー源であり，文明の発展を豊かな森林資源が支えていました。しかし，工業化・都市化の進展により人口の都市集中が促進されたこともあって，山村は過疎化と高齢化に拍車がかかっています。また，コンクリート・鉄鋼などの木材以外の材料を利用した建築物の増加，外材の輸入，国内林業の諸事情や住宅供給者の変化により林業は衰退し，林業従事者は減少しています。その一方で，森林を構成する樹木の体積である森林蓄積量は年々増加しており，着実に樹木が生育しています。

　森林の保全は，生物多様性，洪水抑制，土砂災害防止，土壌保全や水源かん養などに貢献しています。そのために，森林資源を持続的に利用していく仕組みを構築し，森林保全と林業の活性化を両立する，持続可能な地域社会を形成していくことが重要です。

4.4　水害に対する河川計画

　本節は，治水政策，治水基本方針および治水整備計画に関して詳しくまとめられている，水文・水資源ハンドブック（1997）および山田　宏（2006）を参考にまとめた。

4.4.1　河川法

　日本最初の河川法は明治29年（1896）に制定された。この法律は，原則として都道府県を河川管理者とし，当時相次いで発生していた水害の防止（治水）に重点をおいた法制度で，以後の日本の大河川の改修はこの河川法のもとに実施された。当時，森林法・砂防法と合わせ「治水三法」と呼ばれた（表4.3）。

　戦後復興期・高度成長期において水問題は水害だけでなく，食糧不足や電力不足から灌漑用水や水力発電の需要増に加え，上水道，工業用水の需要も高まり，河川の多様な水利用が水系の広範囲にわたるようになった。そのため，水系一貫の河川管理によってこうした増加する水需要（利水）と治水対策（治水）に対応し，かつ特定多目的ダム法や治山治水緊急措置法，工業用水法などの河川関連法規と整合性を図るために，昭和39年（1964）に新河川法が制定された（表4.3）。新河川法では，一水系をその中小河川を含めて一貫管理（水系管理）することとされた（詳細は第1章を参照）。

　20世紀末には，利水の高度利用によって河川環境が著しく損なわれる事例や，河川その

表 4.3　日本における治水・利水政策の歴史（出典：土木学会，1998）

年　代	主要な施策	意義（その後の発展）
《江戸時代以前》		
5c（仁徳朝）	難波堀江の開削・茨田堤（輪中堤）の築造	国家的治水事業の初め
701（大宝律令）	収穫期後の大河修繕・堤防植樹の定め	農民共同体の共通義務
718（養老律令）	「山川藪沢の利 公私之を共にせよ」	自然資源の公共性宣言
8c（奈良天平期）	狭山池・鬼怒川・大和川等の改修	大量の労働力雇用
11c（平安期法令）	土地所有者による堤防修築・随時修理	住民治水事業の義務付け
12c（古文書）	「開発の人を以て主と為す」	開墾地付与による耕地開発
16（戦国時代）	有力大名による河川改修・耕地 5 割増	沖積平野の大規模開田
17c（江戸初期）	利根川東流・玉川上水等の事業，耕地倍増	江戸幕府による国土改造
18c（江戸中期）	手伝普請（治水）・民活事業（水運・新田開発）	幕府以外の経済力の活用
《明治以後》		
1868〜（明治初）	治河使・土木司等の官制，治水条目等の布告	全国的水害に対処
1872	地租改正・地券交付・官民所有区分の定め	土地・水紛争の多発
1896〜1897	河川法・砂防法・森林法の制定	治水三法（国土保全）の成立
1908	水利組合法・水害予防組合法の制定	共同体的治水・利水の認知
1910	第一期治水長期計画の策定（大河川・砂防）	（中小河川は 1933 第三期〜）
1911	耕地整理法・電気事業法の制定	農業・発電用水発展の基盤
1937〜	河水統制事業の調査・補助・直轄施行	（戦後の国土総合開発へ）
《第二次大戦後》		
1947〜	農地改革・自作農創設（土地改良法は 1949 年）	農業振興・近代化の基盤
1950	国土総合開発法の制定・河川総合開発事業	戦後復興・経済成長の基盤
1953	治水治山基本対策要綱の策定	防護面積・石高の積上方式
1956〜1958	工業用水法・工業用水道事業法の制定	地下　水から地表水へ転換
1957	特定多目的ダム法の制定	治水・利水の一体化
1958	公共用水域水質保全法・工場廃水規制法	後追い規制（公害の深刻化）
1960〜1961	水資源開発促進法・水資源開発公団法の制定	流域計画（大水系）の完成
1961	所得倍増計画・治水長期計画の策定	国の経済計画との整合性
1963	第一次下水道整備五ヵ年計画の策定	衛生改善・水質浄化の基盤
1964	新河川法の制定・水系一貫管理制度	利水管理・流域管理の中核
1970〜	水質汚濁防止法の制定・全国一律基準の施行	規制先行・上乗せ条例許容
1972〜1973	琵琶湖総合開発法・水源地域対策法の制定	水源地の生活・生産保障策
1997	河川法改正（環境を治水・利水と並ぶ柱に）	河川管理行政の完成

ものをレジャーの一環として利用する傾向が高まり，豊かでうるおいのある質の高い国民生活や良好な環境を求める国民の期待が大きくなった。そのため，平成 9 年（1997）に新河川法が改正され，河川環境の整備・保全（親水）が河川整備の方針に加えられた（表 4.3）。従来の河川環境の整備と保全を求める国民のニーズに的確に応え，また，河川の特性と地域の風土・文化などの実情に応じた河川整備を推進するためには，河川管理者だけによる河川の整備計画ではなく，地域との連携が不可欠である。また，これまでの工事実施基本計画は河川整備の内容が詳細に決められておらず，具体的な川づくりの姿が明らかとなっていなかったため，これまでの工事実施基本計画の制度を見直し，新たな計画制度を創設した。具体的には，工事実施基本計画で定めている内容を，河川整備の基本となるべき方針に関する事項（河川整備基本方針）と具体的な河川整備に関する事項（河川整備計画）に区分した。河川整備計画は，工事実施基本計画よりもさらに具体化するとともに，地域の意向を反映する手続きを導入することとなった（図 4.6）。

4.4.2　河川整備基本方針・河川整備計画の基本

（1）　河川の基本量

河川整備基本方針・河川整備計画の基本量として既往最大・確率・経済性の 3 つがある（表

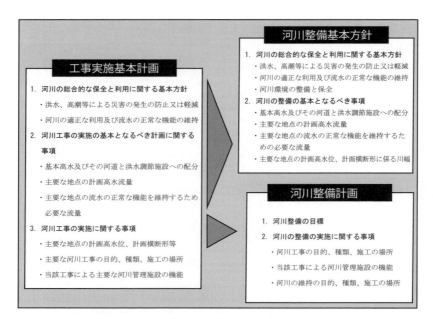

図 4.6　河川整備基本方針・河川整備計画に記載する内容

国土交通省 (http://www.mlit.go.jp/river/basic_info/jigyo_keikaku/gaiyou/seibi/flowchart.html)

4.4)。河川整備の公的投資の際は，これら基本量を用いて，

① 公平の原則

② 経済性の原則

③ 環境保全の原則

の3原則に沿って評価する。もう一つ重要な概念に，原則的に自治体が住民のために保障しなければならないとされる最低限度の生活環境基準（シビルミニマム）の範囲で公平の原則が満たされなければならない。環境保全の原則は，地域全体からみて望ましいものであっても，それによって誰かが悪影響を受けることがあってはならないという原則である。たとえば，上流の洪水の疎通能力を高めると下流の洪水時の河川流量が大きくなるため河川改修は下流から行う，などはこれに相当する。

　日本では，洪水の発生確率を原則とし，既往最大洪水に対しても耐えうるかどうか，また経済性についても検討を加えるのが通例となっている。洪水規模の指標としては，堤防が河川防災の中心であった間はピーク流量が用いられた。ダムによる洪水調節が採用されるようになると，最大流量だけに注目するのではなく，対象流量の時間変化や総量をも考慮するようになった。

(2) 基本高水と計画高水流量

　河川整備基本方針の基本となる基本高水の決定については確率洪水の考え方が採用されている。重要な河川は，100 〜 200 年に 1 回の洪水を計画の対象としている（表 4.5）。計画降

表 4.4　河川整備基本方針・河川整備計画の基本量（出典：水文・水資源ハンドブック（1997））

既往最大	河川防災は当初地先防御から始まり，輪中堤などを経て，連続堤防による洪水防御に発展してきた．この間，それまでの最大の洪水流量に対処できるような規模に整備することが目標とされていた．
確率	第 2 次大戦後，確率の概念が治水計画などの分野に導入された．これにより，地域的に雨量が大きく異なる日本で全国的に統一された客観的基準が得られるようになり，治水計画に合理性が与えられた．（詳細は 2 章を参照）
経済性	各河川の重要度を確率のみで表示することには問題がある．当然，治水投資に見合うだけの経済効果があるかどうか，すなわち費用便益比（災害の減少による人的・物的損失の減少，環境の質の改善，等）などの検討を要請される．治水施設の経済効果は，直接金銭的評価可能な物的被害の期待値（年平均被害額）の軽減額をもって評価するのが一般的である．（詳細は 4.4.2(3)を参照）

雨の規模が定まると，次いで降雨の継続時間[2]が，流域の大きさ，降雨の特性，洪水流出の形態，計画対象施設の種類，過去の資料を考慮して決定される。

　計画降雨が定まると流出モデルを用いて洪水のハイドログラフを求め（詳細は 2 章を参照），これを基に既往洪水などを総合的に考慮して基本高水が決定される。ダムや遊水地などによる洪水調節を考慮したあとの，河道に沿う計画基準点での流量を計画高水流量とよぶ。これに基づいて堤防や他の河川構造物などの河川管理施設計画がなされる。

(3)　費用便益分析

　河川事業における費用便益分析とは，河川整備基本方針や河川整備計画に位置付けられた

表 4.5　河川の重要度と計画の規模（出典：水文・水資源ハンドブック（1997））

河川の重要度	計画の規模*	備考
A 級	200 以上	一級河川の主要区間
B 級	100〜200	一級河川の主要区間
C 級	50〜100	一級河川のその他の区間，二級河川，都市河川
D 級	10〜50	一般河川
E 級	10 以下	一般河川

＊計画降雨の降雨量の超過確率年

（超過確率年＝年超過確率の逆数；　詳細は 2 章を参照）

2　日本の大河川では 2 日が多い。

事業を対象とし，整備期間と施設完成後のある年次を基準年とし，河川整備が行われる場合と，行われない場合のそれぞれについて，一定期間の便益額[3]，費用額[4]を算定し，河川整備に伴う費用の増分と，便益の増分を比較することにより分析，評価を行うものである。なお，河川事業における総便益は洪水氾濫被害の防止効果で，氾濫シミュレーションにより算出された想定被害額から推計された年平均被害軽減期待額に，整備した施設の残存価値（一定期間後の価格）を加えたものである。河川事業における総費用は，総事業費と維持管理費の総計である。

　河川事業において費用と便益を比較する際に，費用便益比（Cost Benefit Ratio, B/C）が主として使われている。これは，河川事業における総費用に対する総便益の比率であり，その値が大きいほど経済性が高いといえる。

　ただし，事業の費用や便益の発生は数年から数十年に亘り，ある時点で払う（得られる）1円の価値は，その1年後に払う（得られる）1円の価値より大きいと考えられることから，金銭評価の時点を例えば事業の開始年度に揃える必要がある。このため各時点での費用（C）と便益（B）の額を割引率（r）[5]を用いて割引き，基準時点の価値で評価する。これを式で表すと次のようになる（添字は，基準年度からの経過年数を示す）。

$$B/C=\left[-B_0+\frac{B_1}{(1+r)}+\frac{B_1}{(1+r)^2}+\cdots\right]/\left[C_0+\frac{C_1}{(1+r)}+\frac{C_2}{(1+r)^2}+\cdots\right]$$

　割引率として具体的にどのような値を用いるかについては，理論的にも実務的にも難しい問題があるが，国土交通省のマニュアルでは，国債の実質利回りを参考に4%を用いるとしている。

4.4.3　治水政策の転換〜水系管理から流域管理へ〜

　都市化の拡大に伴い，河川災害は都市型水害へ変化している（図4.7，詳細は4.3.3節を参照）。そのため都市型水害では，河川による治水（水系管理）から，総合治水（流域管理）が重要となってきた。総合治水対策とは，

① 河川改修（水系管理）
② 流域対策（例えば，流域内における雨水の貯留や浸透）
③ 被害軽減対策（例えば，浸水可能性を考慮に入れた住み方）

である（図4.8）。都市型水害の影響を小さくするためには，これらの方法をうまく組み合わせて実施することが必要である（図4.9）。

　総合治水対策事業の成果としては，浸水頻度と浸水面積が減少した。一方，流域と河川で

3　事業によって社会にもたらされるものの経済的価値。
4　事業に必要なものの経済的価値。
5　現在手に入る財と，同じ財だが将来手に入ることになっている財との交換比率．利率で代用することが多い。

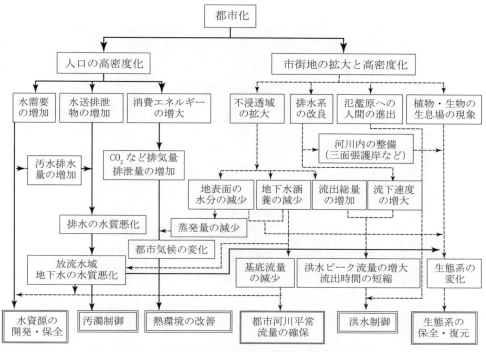

図 4.7　都市化が水循環に及ぼす影響と対処すべき課題

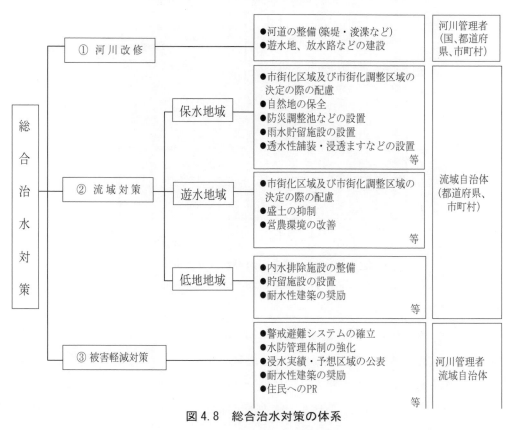

図 4.8　総合治水対策の体系

国土交通省 (http://www.mlit.go.jp/river/shinngikai_blog/past_shinngikai/gaiyou/seisaku/
sougouchisui/pdf/2_2genjou.pdf)

図 4.9　総合治水対策における様々な手段

国土交通省（http://www.mlit.go.jp/river/shinngikai_blog/past_shinngikai/gaiyou/seisaku/
sougouchisui/pdf/2_2genjou.pdf）

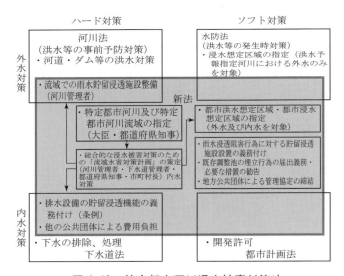

図 4.10　特定都市河川浸水被害対策法

国土交通省（http://www.ktr.mlit.go.jp/ktr_content/content/000047029.pdf）

の洪水処理分担比率を見ると，流域対策の比重が高いとは言えない。保水地域，遊水地域，低地地域に対応した土地利用の規制・誘導[6]はほとんどなされていない。また，低地の水田が盛り土されて遊水機能が損なわれたり，民間ディベロッパーが設置した防災調整池が埋められたりなどの事態も発生した。他にも，洪水流出抑制対策は一定規模（一般に 0.01 km²）

6　浸水被害軽減から見た市街化調整区域と市街化区域の線引き．

以上の開発に義務付けられているため，それ以下の小規模の開発の増加により流域分担流量[7]が確保できないなどの課題が残された。

そこで，平成 15 年には特定都市河川浸水被害対策法（図 4.10）が制定され，河川管理者，下水道管理者，地方自治体が一体となった浸水被害対策スキームが構築された。これにより，河川管理者，下水道管理者ならびに地方自治体の分担と責任を明確化した流域水害対策計画が任意計画から法定計画に進展した。また，河川管理者が防災調整池など流出抑制施設を河川管理施設として整備可能になった。効果が広域に及ぶ流域対策事業について，それを実施する地方公共団体は利益を受ける他の地方公共団体に費用を負担させることが可能となった。

地方自治体は条例により各戸の雨水排水施設に雨水貯留浸透機能を付加させることが可能となった。一定規模（1000 m²）以上の雨水浸透を妨げる行為（山林への宅地造成，駐車場，ゴルフコースなど）には都道府県知事の許可が必要となり，許可に当っては雨水浸透機能の付加が必要になった。また，一定規模（100m³）以上の防災調整池は保全調整池として都道府県知事が指定できることとなった。一方，総合治水の理念の枠組みの内，土地利用の誘導・規制，緑地の保全，農地（特に水田）の遊水機能の保全などに関する施策はこの法律の外である。

都市部への人口集中，産業構造の変化，地球温暖化に伴う気候変動などにより水を取り巻く環境に変化が生じ，渇水，洪水，水質汚濁，生態系への影響など様々な問題が顕在化してきている。これらの問題を解決するためには，総合治水の概念を都市化の著しい河川流域だけでなく，日本全国の河川流域へ適用し，河川を中心として水源地や下流の流域に対して総合的な対応が必要である。一方，河川法，水道法，水質汚濁防止法など水に関する法律の担当省庁間の連携が難しく，またこれら水に関する法律の基本法が制定されていなかった。そこで，水に関して総合的かつ一体的に対応する法律として平成 26 年 7 月 1 日に水循環基本法が制定された。

水循環基本法の目的は，健全な水循環を維持，回復することにより，経済を発展させ，国民生活を安定向上させることである。健全な水循環とは，水が蒸発し，雨となり，地下水や川となって海に流れる過程で，人の活動や環境保全への水の役割が適切に保たれることとされている。この目的のため水循環基本法では，水循環に関する施策の基本理念[8]，国や地方自治体，事業者や国民の責務，連携を定めている。また，政策を推進するため政府が基本計画を定め，その司令塔として水循環政策本部[9]が置かれ，各省庁に分散されていた施策が内

7　流域基本高水流量のうち流域で受け持つべき洪水処理分担流量相当分。これをもとに流域で 受け持つべき保水，遊水機能や土地利用の規制，誘導の目標値が決まる。

8　水循環に関する施策の基本理念は，水循環の重要性，水の公共性，健全な水循環への配慮，流域の総合的管理，水循環に関する国際的協調を指す。

9　水循環政策本部は，本部長：内閣総理大臣，副本部長：内閣官房長官，水循環政策担当大臣，本部員：全ての国務大臣で構成される。

閣の元に一体化された。

　水循環基本計画は，今後の施策の方針を示すものとして，平成27年7月に決定された。その第2部には「政府が総合的かつ計画的に講ずべき施策」として，下記のような具体的な取り組みが挙げられている。

① 流域連携の推進など　〜流域の総合的かつ一体的な管理の枠組み〜

② 貯留・涵養機能の維持および向上

③ 水の適正かつ有効な利用の促進など

④ 健全な水循環に関する教育の推進など

⑤ 民間団体などの自発的な活動を促進するための措置

⑥ 水循環施策の策定および実施に必要な調査の実施

⑦ 科学技術の振興

⑧ 国際的な連携の確保および国際協力の推進

⑨ 水環境に関わる人材の育成

今後，各河川流域でこれらの施策が具体的に進められていく予定である。

4.5　水防と治水

　本節は，水防と治水に関して詳しくまとめられている宮村忠（1985），大熊孝（2007）を参考にまとめた。

　水害を軽減するということは，ある程度までの洪水は堤防やダムで防ぎ，それ以上の洪水は河道から洪水があふれることを前提に，その場合の水害対応に重点が置かれることになる。その際に，誰が主体となって対応するのかということは重要な視点である。

　水害対応の一番目の段階（自助）は，自分自身や家族をどう守るか，という個人・家庭が主体の水害対応である。氾濫があっても床上浸水にならないように盛り土の上に家屋を建設・高床式の水屋にすることから，食料・飲料水などの用意や避難方法・経路の確認までが自助に含まれる（5章参照）。水害に限らず災害対策・防災は，本来，自助が根本である。

　水害対応の二番目の段階（共助）は，自分たちの地域・仲間をどう守るかという立場から発想される，地域住民コミュニティが主体の水害対応である。洪水時に，地域住民が中心となって，土のう積みなどの水防工法で川があふれるのを防いだり，注意を呼びかけたり，避難をしたりすることで，水害による人命や財産への被害を防止あるいは軽減する活動がその代表例である。この段階の活動を水防（水防活動）という。

　水防活動には地域に応じた様々な伝統工法があり，洪水初期から破堤するまでの現象毎に数多くの水防工法が存在している。

（1）　月の輪工：堤防の漏水に対して土のうを積んで水を溜め、その水圧で漏水を抑える工法（北海道河川財団 http://www.ricgis.org/ricdata/suibou/）

写真 4.8　月の輪工

（2）　釜段工（かまだんこう）：河川から漏水が旧河道などの透水性の高い地中を通って平場に漏水したときに用いる。

（北海道河川財団 http://www.ricgis.org/ricdata/suibou/）

写真 4.9　釜段工

（3）　木流し工：堤防前面において流水を緩和し、浸食を防ぐ。波当たりを弱くするのにも用いる。（淀川左岸水防事務組合 http://www.suibo-osaka.or.jp/index.php/yl-act/597-613-2）

写真 4.10　木流し工

（4）　シート張り工：堤防への浸透や崩壊を防ぐ工法。昔は土俵を用いていたが，現在はシートを用いる。

（北海道河川財団 http://www.ricgis.org/ricdata/suibou/）

写真 4.11　シート張り工

（5）　築廻し工（つきまわしこ）：堤防の川表が崩壊した際，断面不足を補うため杭を打ち，土のうを投入して補強し，決壊を防ぐ。

（淀川左岸水防事務組合 http://www.suibo-osaka.or.jp/index.php/yl-act/597-613-2）

写真 4.12　築廻し工

写真 4.13　小貝川での水防活動の様子（2014 年 10 月茨城県筑西市消防団）

国土交通省（http://www.milt.go.jp/river/bousai/main/saigai/kisotishiki/index2.html）

　水防活動では，水防管理団体の長たる水防管理者は，気象庁の警報，河川に関する情報や水防警報などを踏まえ，水防団や消防機関（以下「水防機関」）に出動命令を下す。水防機関は，洪水などによる被害を防止あるいは軽減するため，河川堤防などで水防工法などを駆使した活動を行う。また，水防機関には，道路の優先通行，警戒区域の設定などの水防活動上必要な権能が付与されるとともに，国土交通大臣および都道府県知事には，水防管理者，水防団などに対する緊急時における指示権が与えられる。

　水害対応の三番目の段階（公助）は，為政者ないし計画者が河川をどう扱うかという立場から発想される水害対応，すなわち治水である。水防が地域的・局所的観点から発想される水害対応であるのに対し，治水は大局的観点から考えられる水害対応であり，水防における地域間対立という矛盾を解消するものとして位置付けることもできる。

　以上の三つの段階における水害対応が，相互に補完し合う形で実施されたとき，はじめて水害対策は完結したものとなる。明治の近代化以降は，水防の地域間対立という矛盾をできるだけ解消するために，時代時代の行政者による治水が進められ，現在は地域間対立が日常的に意識されることは稀になったことは治水の大きな成果である。一方で，水防の意識が失われてきたことは，地域住民や個人・家庭の自発的自己防衛が影を潜め，地域や個人を守る水害対策がすべて治水に委ねられてしまっていることも意味している。

参考文献

1）宮本武之輔，治水工学，修教社書院，1936

2）岩手県河川国道事務所，一関遊水池事業，
　　http://www.thr.mlit.go.jp/iwate/　参照2018年6月20日

3）関東地方整備局，鶴見川流域水害対策の計画の進捗状況，
　　http://www.ktr.mlit.go.jp/ktr_content/content/000077810.pdf参照2018年6月20日

4）東北地方整備局山形河川国道事務所，最上川電子大辞典，

http://www.thr.mlit.go.jp/yamagata/index.html参照, 2018年6月20日

5) 国土交通省, 大曲捷水路事業,

   http://www.mlit.go.jp/river/toukei_chousa/kasen/jiten/nihon_kawa/0209_
omono/0209_omono_01.html参照2018年6月20日

6) 国土交通省北陸地方整備局信濃川河川事務所ホームページ, 大河津分水路情報館,

   http://www.hrr.mlit.go.jp/shinano/bunsui/index.html参照2018年6月20日

7) 土屋義人, 山下隆男, 泉達尚, 新潟海岸の大規模海浜過程と海岸侵食制御, 海岸工学論
   文集, 42, 681-685, 1995.

8) 岩屋隆夫, 日本の放水路, 東京大学出版会, 2004.

9) 関東地方整備局, 利根川の紹介,

   http://www.ktr.mlit.go.jp/tonejo/tonejo00185.html参照2018年6月20日

10) 中部地方整備局木曽川下流河川事務所, 木曽三川の歴史,

   http://www.cbr.mlit.go.jp/kisokaryu/chisui/06meiji_2.html参照2018年6月20日

11) 東京大学総括プロジェクト機構, 水の日本地図, サントリー, 2012.

12) 国土交通省ホーページ, 鬼怒川,

   http://www.mlit.go.jp/river/toukei_chousa/kasen/jiten/nihon_kawa/0303_
   kinugawa/0303_kinugawa_02.html参照2018年6月20日

13) 梯滋郎, 中村晋一郎, 沖大幹, 沖一雄, 日本の水害常襲地の分布とその特性, 土木学会
   論文集B1 (水工学), 70(4), I_1489-I_1494, 2014.

14) 河田恵昭, 日本水没, 朝日新書, 2017.

15) 国土交通省ホームページ, 平成26年8月豪雨による広島県で発生した土砂災害への対応
   状況

   http://www.mlit.go.jp/river/sabo/H26_hiroshima/141031_hiroshimadosekiryu.pdf参照
   2018年6月20日

16) 国土交通省ホームページ, 第2回安全・安心まちづくり小委員会,

   http://www.mlit.go.jp/common/000027098.pdf参照2018年6月20日

17) 土木学会, 新体系土木工学73河川の計画と調査, 技術堂出版, 1998.

18) 国土交通省ホームページ, 河川整備基本方針・河川整備計画,

   http://www.mlit.go.jp/river/basic_info/jigyo_keikaku/gaiyou/seibi/flowchart.html
   参照2018年6月20日

19) 水文・水資源学会, 水文・水資源ハンドブック, 1997.

20) 山田宏, 公共事業における費用便益分析の役割, 立法と調査, 256, 2006.

21) 国土交通ホームページ, 総合治水対策の仕組みと現状・効果,

   http://www.mlit.go.jp/river/shinngikai_blog/past_shinngikai/gaiyou/seisaku/
   sougouchisui/pdf/2_2genjou.pdf参照2018年6月20日

22) 国土交通省ホームページ，特定都市河川浸水被害対策法の概要，
  http://www.ktr.mlit.go.jp/ktr_content/content/000047029.pdf参照2018年6月20日

23) 宮村忠，水害，中公新書，1985.

24) 大熊孝，洪水と治水の河川史，平凡社，2007.

25) 国土交通省ホームページ，水防の基礎知識，
  http://www.milt.go.jp/river/bousai/main/saigai/kisotishiki/index2.html参照2018年
  6月20日

第5章

河川工作物

5.1 河川工作物

　河川を歩くと実に色々な構造物を見ることができる。コンクリートで固められた箇所や石積みされた場所，土が盛られた土手や並木道などは全て人の手で作られたもので川の景観を作り出している。1章で述べたように河川は堤防の端から端までの区間をいい，この部分を河川区域という。その外側には河川を守るため，開発が制限される河川保全区域が存在する。河川内に作られたものを河川工作物という。河川工作物は河川管理者が造る河川管理施設と河川管理者以外が河川管理者から許可を得て造る許可工作物に分けられる。典型的な河川の断面と平面を図5.1に示す。

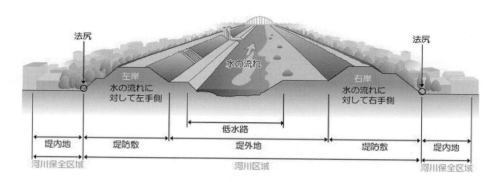

図5.1　河川の一般的な断面

国土技術政策総合研究所（http://www.nilim.go.jp/lab/rcg/newhp/yougo/words/014/image/014.jpg）

　堤防の水のある側には洪水流による浸食を防ぐため，コンクリートなどで固めたり石を積んだりするが，これを護岸という。同様に，川底の浸食による沈下や洗掘への対策を護床という。また，堤防前面にある流れの向きを変える工作物を水制という。取水のために川をせき止める施設を堰というが，堤頂まで15m以上の特に大きな堰をダム[2]と呼ぶ。他に魚道や閘門など，よく見ると今まで気づかなかった工作物を河川で多く見つけることができる。

1　河川工作物は大きく河川管理施設と許可工作物にわけることができる。河川管理施設とは，河川法第3条において「ダム，堰，水門，堤防，護岸，床止め，樹林帯，その他の河川の流水によって生ずる公利を増進し，又は公害を除却し，若しくは軽減する効用を有する施設をいう。」と述べられている。また，河川区域内に新築，改築，除却する場合，河川管理者の許可を受ける必要があることが河川法第26条に書かれている。

2　これは河川法の定義で，国際大ダム会議では高さが15m以上または5m以上で貯水容量が300万m³以上とされている（6章参照）。

5.2 堤防

堤防は主に洪水時に水が河川区域以外に出ないようにするものである。住民からすると城壁のようなものであり，城内が堤内地にあたる。一方，川から見た場合、堤内地を川裏、堤外地を川表と呼ぶ。堤防の断面は図5.2のように各部に名称がついている。一般に天端は道路になっていることが多いが，管理上，一般の車両通行を認めていないことが多い。これに対して車両の通行を認めているような道路を堤防兼用道路（兼用堤防と呼ぶこともある）と特に区別して呼んでいる。河川堤防は図のように台形断面で構成されており，一般には土が盛られて造られた土堤であり，法面(のりめん)は植生で覆われている。しかし，土地の獲得が困難な場合には幅の広い堤防を建設できない。こうした場合，ほぼ直立した幅の狭いコンクリートなどで構成された特殊堤防（写真5.1）が築かれることがある。こうした堤防はその様相から胸壁堤(きょうへきてい)やカミソリ堤などと呼ばれることがある。胸壁とはコンクリートや鋼材などの壁であり，パラペットとも呼ばれる。これは海岸堤防ではよくみられる。他にも図5.3のように目的によって名づけられた多くの種類の堤防が存在する。本節ではそのうちの幾つかについて説明する。

全ての河川が堤防を持つとは限らない。コンクリート三面張りと悪名の高い矩形断面(くけいだんめん)の河川も都市を中心に広く存在する。こうした，堤防を持たない河川を無提河川または掘込河道

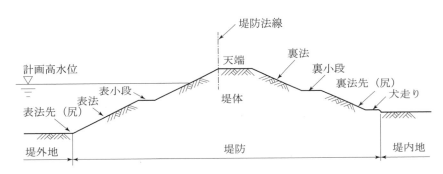

図5.2　堤防の各部名称

写真5.1　特殊堤（宮崎市大淀川）

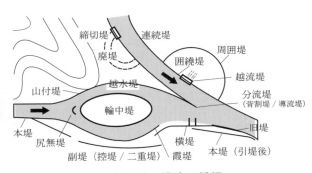

図5.3　堤防の種類

写真 5.2　左から助命壇，水屋，上げ舟

という。掘込河道は堤内地盤高が計画高水位[3]より高い河川である。堤防を築けない河道は堀下げることによって流下能力を上げる。

（1）　連続堤防，山付堤防

我々が一級河川の下流部でよく見る長い堤防は連続提と呼ばれる。一方，連続していない堤防を不連続堤という。河道勾配が急な場合は不連続堤が用いられることがある。後述する霞提がその典型である。また，堤防の一部が山や丘のように標高の高い地域に接している堤防を特に山付堤と呼ぶ。長い堤防によって先人達の偉業を我々は認識する。

（2）　輪　中

連続提を全ての河川に築くのは膨大な時間と費用がかかる。そこで居住地域を囲む堤防が築かれるが，この堤防を輪中または輪中堤と呼ぶ。近年はコンパクトシティの概念から居住地域を集中させて，効率よく堤防で囲む都市計画が行われている。輪中は古くから木曽川周辺で用いられてきた。地元では曲輪（くるわ）と呼ぶこともある。木曽三川[4]合流域に位置する長島町は輪中に囲まれた中州の町であり，水屋や助命壇，上げ舟[5]などが洪水対策としてとられてきた（写真 5.2）。

（3）　霞　堤

洪水時には不連続堤の上流側から河道の水を排水し，水位低下時には堤内地から排水する機能を持つ。開放部は上流側の堤防と重なるように築堤される（写真 5.3）。この開放部は，急流河川では背水水位と堤防地盤高さを考慮して設置されるが，急流河川では重複部分の堤防の長さが短くすむ。逆に緩勾配河川では長くなるため費用がかさむが，二線堤（後述）の機能を期待することもある[6]。霞堤

開口部に水林が形成されている
写真 5.3　霞堤（福島市荒川）

3　河川計画において防ぐことになっている洪水水位（4 章参照）
4　木曽川，長良川，揖斐川。
5　避難のために人工的に築いた高台を助命壇，高台にある倉庫を水屋，屋根裏などに避難用の舟を上げておくことを上げ舟と呼ぶ。
6　緩勾配における堤防を特に鎧堤と分けて呼ぶ場合もある。

は洪水流を河道内にとどめようとする連続堤とは異なる発想である。洪水調節効果や内水問題もなく，破堤の危険もないなど多くの利点があり，古くから利用されてきた。霞堤から堤内地に流出した水は，流水の断面積が大きくなることによって流速の減少が期待でき，甚大な被害を免れることができる。もっとも有名な霞堤の1つが，武田信玄が築いたとされる信玄堤または竜王信玄堤(甲斐市)である。これは1550年頃から釜無川を中心に造られている。霞堤前面にある本堤から伸びる水制群を雁行と呼んでおり，雁行堤防とも呼ばれる。信玄堤は聖牛や将棋頭と呼ばれる流れを分ける水制（後述）を築いている。また，福島県荒川には1650年頃に築かれた霞堤があり，水林と呼ばれる水防林が霞堤の水路内に形成されており，排水時に流速を減少させるとともに礫や土砂を落とす機能を持っている（写真5.3）。

（4）　越流堤

洪水時に堤防からの越流箇所を集中させるため，一部を低くしたような堤防を越流堤という。一般的に，越流堤は遊水地への導水地点に築かれる。この場合，堤体は洗掘されないようにコンクリートなどで囲われる。溢流堤と呼ぶこともあるが，河川工学では堤防を越える流れを越流，無提区間から溢れることを溢流と区別しており，厳密には異なる。

（5）　背割堤

河川が合流する地点は，水の量が増えるとともに，流れのぶつかりから水位が上昇するため氾濫が多く生じる場所である。これを防ぐために，高速道路のインターチェンジのように向きを同じにして合流させる役目を持つ堤防を背割堤という（写真5.4）。また，河川の規模が異なり，一方の大きい川が増水しているときに，他方の小さい川に流入して氾濫を起こさないよう下流で合流させ，水位変化を穏やかにする機能も持つ。水位上昇によって他の河川に逆流または流れを阻害する水のことを背水（Backwater）という。本来，背割堤は瀬を割る堤防の意味だったと思われ，瀬割堤と呼ぶ地域もある。

京都の木津川と宇治川の合流部にある背割堤の上には，桜の並木道が整備された国営公園八幡背割堤公園がある。

（6）　導流堤

流れの向きを調整する堤防であり，広義では霞堤や背割堤も導流堤の一種である。多くは，河口部分に設置された堤防を呼ぶ（写真5.5）。河口は川幅が急激に広くなるため，流速の低下と波の浸入によって土砂が堆積しやすく，河口閉塞[7]

上：上流合流部，下：下流合流部
（宮城県鳴瀬川と吉田川）

写真5.4　背割堤

富山県吉田川河口
写真5.5　導流堤

7　河口部の土砂堆積によって川の水が海に達しない状態をいう。洪水時に水位が上昇するので洪水氾濫が生じやすい。浚渫（しゅんせつ）をして防ぐ。

がしばしば生じる。このため，流れの断面積を小さくして流速を上げ，土砂が移動しない水深の沖まで流す堤防を導流堤と呼ぶ。突堤[8]の一種である。この構造物は河口閉塞を防ぐには効果を発揮するが，一方，沿岸方向[9]の土砂の移動を阻害するため，導流堤の沿岸漂砂の上流側では堆積し，下流側では侵食[10]する傾向がある。

（7）　スーパー堤防

正式には高規格堤防という。従来の堤防に腹付け[11]を行い，天端を広げたものをいう。裏腹付けで施工されることが多い。堤防法線の天端から堤内地までの勾配をおおよそ 1/30 としている。河道水面から裏法尻までの勾配が緩くなるため，浸透速度が小さくなり，パイピング[12]による破堤を防ぐことができる。また，越流や地震などによる崩壊にも強い。新たに造成した天端や小段は浸水リスクが低くなり，建物用地や公園などに活用できる。リスクが減少することにより，地価の上昇も期待できる。一方，広い土地を必要とするため，多額の費用と時間がかかる。費用便益比[13]が 1 を大きく越えるような経済活動が盛んな地域に限られる。

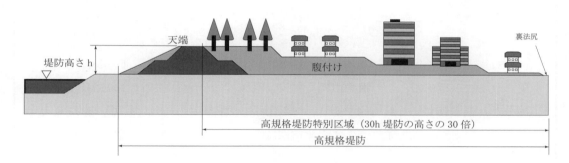

図 5.4　スーパー堤防

8　海岸と直交して設置される堤防状の海岸構造物。
9　海岸線に沿った方向。その垂直方向は岸沖方向。
10　河川法では浸食が，海岸法では侵食が用いられている。
11　堤防の幅を広げることを腹付けという。川表，川裏側，それぞれに腹付けすることを表腹付け，裏腹付けという。両側の場合は両腹付けという。
12　堤外地の水面が上昇すると，堤内地との水位差が生じ地下水流が発生する。この際，土粒子が排出され，管路のような流れ道ができる。これをパイピングという。
13　建設費用 C(Cost) と建設によってもたらせる効果 B(便益，Benefit) の B/C を費用便益比という。1.0 以上であれば効果があるとされる。4 章参照。

（8）その他の堤防

図5.3のように他にも様々な堤防がある。堤防に直接流れが当たることを防ぐ尻無堤や遊水地（後述）の一部を構成する囲繞堤や周囲堤などがある。本堤防から越流した場合や破堤した場合の備えとして副堤や二重堤（または二線堤）が築かれることもある。他に連続堤から垂直に川表側に張り出した堤防を横堤と呼ぶ。横堤を付流堤とも呼ぶが，これらは洪水時に横堤間の地域の大きな被害を防ぐものであり，浸水を防ぐものではない。特に垂直でなく，下流方向に傾斜している場合もある。こうした傾斜した横堤が並んだ様が着物の裾が揺れる姿に似ていることから羽衣堤（はごろもてい）と呼ぶ場合もある。

川へ行こう　玄人好みの堤防

　大きな川を歩くとたいていは堤防を見ることになります。堤防は一般的なものですが、見るべきものも多いです。植生や堆積物などの自然のみならず道路や水門など様々な河川構造物で構成されています。鳴瀬川下流部は洪水氾濫の常襲地帯であるため、背割堤、二線堤、導流堤など見所が多くあります。加えてサイフォンや潜穴、ラバー堰などもあり、河川技術者にとっては垂涎（すいぜん）の場所でもあります。もう一つ、河川技術者が行く場所として木曽川下流があります。巨大な長良川河口堰、輪中を見られることはもちろん、海津市歴史民族資料館（かいづし）では、治水施設について多くのスペースが割かれていて魅力的であり、河川工学の教科書のようです。堀田や蛇籠（じゃかご）を生で見ることができます。さらに海津市には河川工学を志す者が皆、参拝する（？）治水神社もあります。

5.3　護岸，護床

（1）護岸の構造

橋脚や樹木によって流れが堤防に当たり，洗掘を受け，崩壊につながることがある。河川の堤防は基本的に土で築かれた土堤であるが，場所によっては堤外地側の堤防はコンクリートで覆われていることがある。こうした流れから堤防や川岸を守る構造物を護岸という。また，砂地のような柔らかい河床材料を持つ河川や山地河川などは浸食が激しいために，この対策として河床をコンクリートで固めることがある。これを護床というが，目的は護岸と同じである。

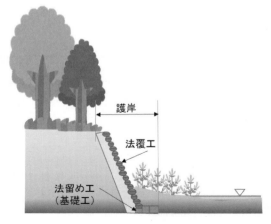

図5.5　護岸工各部名称

護岸工事は斜面部を守る法覆工とその下部を守る法留め工に分けることができる（図 5.5）。

　法覆工では護岸近くの流速は小さいほうが好ましい。流速が速いと堤防内部の土砂が吸い出されたり，周辺が洗掘されたりすることによって甚大な被害をもたらすからである。そのため，故意に粗度をあげるような突起物をつけることがある。

　堤防斜面部は川の景観を決めることが多く，近年では景観や環境に配慮した工法として近自然工法や多自然工法を採ることが多い（7 章参照）。堤防前面の植生は流速を弱めることから護岸の役割を果たす。

（2）法面工，法覆工

　斜面部を固めて浸食を防ぐ工法をいう。もっとも一般的なのはコンクリートで固めたコンクリート張り工であり，安価で設計もしやすい。護岸表面が滑らかになるので玉石を埋めたものや，桟[14]を設けたものがある。最近では凹凸をつけたプレキャストコンクリート[15]を用いることがある。

　コンクリートが使われる以前には石材を組んで堤防を覆う石張り工が一般的であった。のり勾配が 10% より急な場合を特に石積み工と呼ぶこともある。石同士がよくかみ合うことが必要である。そのため石間をコンクリートで接合した練り石張りまたは練り石積みが近年はよく用いられる。石間を接合しないものを空石張り（積み）という。

　石張り工は見た目が自然にみえて景観的にも良いが，洪水時に損失しないようにするにはある程度の大きさの石が必要となる。一方，こうした大きな石を現場付近で集めることが困難なことが多い。そこで，両方を生かした工法がコンクリートのり枠工である。張り工を縦横の格子状の枠組みで補強したものである。表面の粗度を増す効果がある。この枠内に砂利や覆土をして覆うことによって景観が良くなる。特に石を入れたものを詰石工と呼ぶこともある。また，コンクリートの代わりにアスファルトを用いることもある。アスファルトは柔軟性があるので不等沈下に対応できるとともに不透水なので効果が大きい。一方，斜面部の転圧[16]がかけにくいことと耐久性に問題がある。

（3）法留め工

　護岸はその重量によって基礎から崩壊しやすく，また，根元は洗掘されやすい。そのため特に基礎を固める工事を法留め工と呼ぶ。法留め工はもっとも下部にある土台木を垂直に支える止め杭と底面に沿ったさん木で構成されることが多い。根元を覆土した場合，止め杭と斜面部の犬走りを土砂で覆うことも多い（図 5.6）。また，止め杭間の土砂の排出を防ぐため，目の小さいネット（柵）で覆うしがら工や杭を隙間なく配置する詰め杭工などもある。しがら工のネットの代わりに鉄板の板で覆う矢板工は直立護岸としても多く採用される。個々の

14　桟。表面につけた突起を意味する。

15　現場でコンクリートを打つ（塗る）のではなく，事前に工場で作成したコンクリート。

16　アスファルトは設置する際，ローラーなどで圧力をかける。斜面部はこれが難しい。

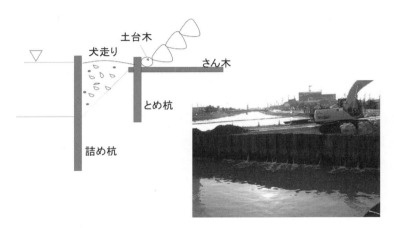

左　詰め杭工の断面構造　　　　　右　矢板による直立護岸

図 5.6　法留め工　各部名称

矢板は連結することによって傾倒を防止する。矢板は法留め工だけでなく，破堤直後に堤防を形成するためにも用いられる。

(4) 捨石

堤防や橋脚の根は渦が発生しやすく，流れが速いため洗掘が生じやすい場所である。こうした流れが直接護岸部分に当たらないよう保護するために，護岸前面に大きい石を置くことがある。これを捨石という。近年では巨石が手に入りにくいためにコンクリートブロックを代用することが多い。また，小さい石をワイヤーやネットで集めることで，巨石の代わりにすることもある。こうしたものを蛇籠という。または籠とだけ言う場合もある。その形からふとん籠やだるま籠，籠マット，袋などと名前がついている場合もある（写真 5.6）。蛇籠は柔軟性があり，設置しやすく，空隙が大きいため水生生物の生息場になりやすい利点をもつ。また，多孔質内は流速が減少するため，土砂が堆積しやすく，より自然な形で河道を形成できる。一方，多孔質であるためブロックなどに比べて比重が小さいこと，流れに対して抵抗が大きいことなどから大きな河川では流失しやすい。また，ワイヤーやネットの耐久性が短いことも問題である。

ブロック（宮城県阿武隈川）

蛇籠（海津市歴史民俗博物館）

写真 5.6　捨石工

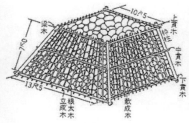

左　木工沈床（井納木材㈱・井納建設㈱：http://www.inomoku.jp/001mokutin.html）
中　弁慶枠（国土省関東地方整備局：http://www.ktr.mlit.go.jp/keihin/tama/use/panph/kyusan/12past.htm）
右　粗朶沈床（井納木材㈱・井納建設㈱：http://www.inomoku.jp/002sodatin.html）

図 5.7　沈床工

（5）沈床工

　護岸の根や河床そのものの洗掘を防ぐため，その部分を覆う工法である。特に水面下に設置するものを沈床という。河床を覆うことは堤防の法面工と同じであり，コンクリート工や練り石張り工などがよく用いられるが，木材やコンクリートの枠に石を詰めた枠工（沈みわく）や木工沈床がある（図 5.7）。枠工はその形から様々な呼び名があり，続き枠，胴木枠，弁慶枠などがある。他に粗朶[17]を組んで面的に覆う伝統的な粗朶沈床がある。残念ながらこうした沈床工は水面下であり，目にすることはなかなか難しい。

（6）床固・落差工

　急流河川のような浸食河川では河岸崩壊を防ぐため，河床浸食対策として河床自体を固めることがある。こうした河床全体を固めることを床固という（写真 5.7）。一方，水面勾配を小さくすることにより流速を減少させるため，平らに見える河道と滝を組み合わせた階段状の河道にすることもある。これを落差工または階段工という。こうした工法を取ることにより，みかけ上の安定河道を達成することができる（3 章参照）。床固は河床が均一なので流れの集中が起こらず局所洗掘を防止することができる。とくに土砂をとめるためだけに河道横断的に造られた堰状のものを帯工と呼ぶこともある。

鹿児島市城山公園　　　　　　　　　　福島市荒川

写真 5.7　床固工と階段工

17　間伐した木材や直径数 cm 程度の細い木の枝を集めて束状にした資材のこと。

こうした落差工や帯工は滝状に流下した後，跳水によってエネルギー損失を促し，掃流力を減少させることを期待しているが，洪水時にはもぐり越流[18]のようになり，エネルギー損失が期待できず，上下流の洗掘が生じるため，注意深い設計が要求される。

(7) 植生護岸

法覆工の一つとして堤防表面を芝や草で覆うことを芝付けと呼ぶ。芝付けはコンクリートの代わりに植物で堤防を覆うものであり，広く用いられている（写真5.8）。景観にも優れており，生物の生息環境を提供することができる。堤防に植物が活着している場合，表面流速は植生高さによって減少する。水防活動の木流し工はこの効果を狙ったものである（4章参照）。また，堤防前面に川柳などを植えることが行われる。これは護岸や水制の効果を狙ったものである。後述する多自然型河川（7章参照）は積極的に植生護岸を導入したものである。空石張りや法枠工に植栽をして，粗度を増やす。

左：法枠工を用いた植生護岸　大洋コンクリート工業㈱
http://www.taiyo-gr.co.jp/catalogue/products.php?id=60
右：堤防前面の植栽による護岸　国土交通省関東地方整備局
http://www.ktr.mlit.go.jp/kasumi/kasumi00025.html

写真 5.8　植生護岸

一方，大きな流速に対する植生の浸食耐性はそれほど高くない。腐敗した根幹部からミミズ穴やモグラ穴が形成されることもあり，破堤の原因になることもある。また，大きくなりすぎた樹木は流積（りゅうせき）（通水断面積）を減少させるため，洪水のリスクが増す。植生部分は土砂が堆積傾向になるため，河道計画を入念に立てる必要がある。植生護岸は維持管理にコストがかかる。芝付けにしても草刈は欠かせず，作業費用のみならず刈った草の廃棄費用もかかる。ヤギを用いた管理やNPOによる植栽などの対策が採られているが決定的なものはない。

18　構造物を越えるときに水位がほとんど変化しない流れ。水理学では構造物上で射流部を形成しない流れとされる。

5.4 水制

(1) 水制の役目

　横堤に似ているが目的が異なる。堤防から流れに抵抗するように設置された構造物である。その目的は水流[19]の向きを変えて堤防や護岸を守ることと，低水路の幅や水深を維持することである。水制は流れ（特に洪水流）への抵抗によって，水位上昇を得る。水位上昇によって得た位置水頭（ポテンシャル）から周辺部にエネルギー勾配を作り，流向を変えることができる。水制はその構造から透過水制と不透過水制に分けられる（表 5.1）。透過水制は抵抗が小さく，維持管理も容易である。不透過水制は越流するかどうかによって越流水制と非越流水制に分けられる。また，水制の突き出した向きの上流側か下流側によって上向水制と下向水制にそれぞれ分けられる（図 5.8）。これらを総称して横工という。また，流れに対して平行に近いものを縦工または平行工という。

　形態によって牛，出し，枠などに区分することができる（表 5.2）。牛と枠は骨格を成す柱で構成され，透過水制であり，河川中流から上流でよく使われる。くい打ちが困難である砂利や礫河床に主に用いられる。牛は主に錐（すい）状（三角錐や四角三角錐）であり，枠は主に柱状（三角柱や四角柱）であり，その外形で区分される。錐状の前面の柱を組んだ形状が牛の角に似ていることから牛と呼ばれる。一方，緩勾配ではくい打ちが容易であることが多く，不透過型の水制がよく用いられる。全国の既存水制を調べた結果によれば（吉川，1987），根固めされた不透過型の水制は水流に対して直角または上向きに設けられている。

表 5.1　水制の区分

不透過水制	
透過水制	越流水制
	非越流水制

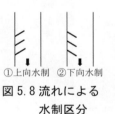

①上向水制　②下向水制

図 5.8 流れによる
水制区分

表 5.2　水制の種類

形態	名称
牛類	聖牛，出雲結，川倉，菱牛
出し類	土出し，石出し，籠出し，杭出し
枠類	鳥居枠，弁慶枠，胴木枠

左：大淀川下流の杭出し水制群　船着場の桟橋ではない
右：ブロックと部分透過水制　築後川

写真 5.9　水制

---

19 水の向きを変えることを特に水刎（みずはね）という。転じて水制をみずはねと呼ぶこともある。

不透過型は洪水時に水制の上を越流するため，水位勾配が堤防に向かない上向水制が好まれる場合が多い。一方，通常の流向が堤防に向かないようにするためには下向水制が良いとされ，低水路維持のためや流向を変えるような場合，透過型の下向水制が好まれる（写真5.9）。

（2）水制の種類

ここでは個性的な水制について紹介する。

聖牛（せいぎゅう，ひじりうし）

急流河川に多く見られる。その大きさによって大中小の聖牛がある。もともとは木材を用いた伝統工法であり，基礎に蛇籠を積んで設置していたが，近年はコンクリート材料で固定されることが多い（図5.9）。牛類は洪水時にゴミや流木がかかり，透過しにくくなるため，2列や3列に配置することがある。この場合，最初の列の水制は低くするか，下手に向けて設置する（図5.10）。

聖牛は富士川が発祥地であり，武田信玄の時代に甲州で用いられるようになり，下流へと伝わり，改良され全国に広まったとされる（和田ら，2004）。なお，聖牛のルーツとして出羽国雄勝郡柳田村仙北川に設置した八頭牛を省略したものとの説明もある。江戸時代以降，牛類は広く用いられており，その中で聖牛は中心的な工法であり，現在でも広く利用されている。

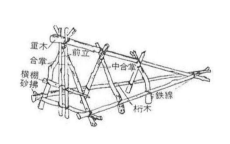

左　砺波市教育委員会　庄内町史上 http://1073shoso.jp/www/kyoudo/detail.jsp?id=18989
右　富士川　水制群の中の聖牛

図5.9　聖牛

流れの向き

図5.10　複列水制の配置

出雲結（いずもゆい）

最も古い水制とも言われている。言い伝えによれば垂仁天皇（西暦0年頃）に仕えた相撲の名人，野見宿禰（のみのすくね）が第13代の出雲国造（くにのみやつこ）になり，その際にこの水制を考えたとされている。元来，出雲の国は暴れ川が多く，ヤマタノオロチ伝説

と斐伊川を関連づけることも多い。残念ながら出
雲結は現在設置されておらず，水防活動の際や展
示物としてしか見ることができない。出雲結の特
徴は前面に止水板を置き，抵抗を高めていること
であるが，基本的な構造は他の牛と同じである。
その名称から学生が織物とよく間違える。

ピストル水制

黒部川では規模が大きいピストル型水制，シリ
ンダー水制，ポスト型水制を見ることができる。

写真5.10　出雲結　斐伊川

ピストル水制は他に重信川などにも見られる。そ
の形状がピストルに似ていることから名前がついた。大部分は不透過水制であるが，先端部
は不連続になっており，透過するようになっている。上流側にはコンクリートブロックなど
の捨石が設置されているケースが多い。似たような水制にシリンダー型やポスト型などがあ
るが，その名称からピストル水制の人気が高い。こうした巨大水制は急流河川の治水として
太平洋戦争後（1945年以降）に盛んに作られた。その代表河川が富山県（黒部川や常願時
川など）と静岡県（天竜川や富士川など）に数多く存在している。これらの河川は大量の土
砂も多く流送するため，洪水時に容易に堤防を浸食する。そのため不透過型の水制が好まれ
たと考えられる。

写真5.11　ピストル水制　黒部川

ケレップ水制

ケレップ水制と呼ばれるものが日本各地に存在する（千曲川や岡山県旭川など）。特に木
曽川のケレップ水制群は大規模であり，前述した木曽三川分流と併せて洪水防御を行ってい
る。ケレップとはオランダ語で水制（Krib）の意味であるが，日本の伝統の水制とオランダ
式を合わせた技術ということでケレップ水制としたとされる。オランダ式の水制は特に粗朶
沈床と杭出しを併せた技術であった。同様の技術は淀川でも用いられた。水制群は現在，長
い期間を経て土砂が堆積し，わんど（7章参照）が形成されて豊かな生態系を生みだしている。
堆積した土砂は水制の効果も発揮するとともに，自然に見え景観的にも優れている。河川工

写真 5.12　ケレップ水制とわんど　木曽三川

作物は，一時の効果をみるのではなく，長年の経過を見越して設計しなければならない。

　　筑後川の荒籠も有名である。荒籠は細かい土砂を持つ河川の下流に設置されており，形状が不透過型の背の低い構造で形がくちばし状である。筑後川では水制の設置によって対岸に水はねが生じ，江戸時代に柳川藩，佐賀藩，久留米藩で紛争が生じている。水制は地域毎の特色があり，弁慶枠，左五右衛門枠，猪子，千曲川の鳥脚（牛），越中三又など少しずつ違う形が存在している。現在では使われなくなっている工法がほとんどであるが，材料が変われば工法も変化する。

川へ行こう　水制に歴史を感じよう　デ・レーケ

　デ・レーケと名のついた河川構造物は大変多いようです。デレーケ導流提（筑後川）、デレイケ公園（吉野川）、デレーケ堰提（群馬県八幡川、京都府木津川など）など数多くあります。ヨハネス・デ・レーケは明治維新後に内務省土木局に雇われたオランダ人の技術者です。木曽川三川の分流や淀川の治水が有名ですが、日本各地で彼の名前を見ることができます。河川改修だけでなく、砂防や港湾工事にも多くの業績があり、地元では広く愛されています。一方、デ・レーケを招聘したとされる先輩格のファン・ドールソンは安積疎水（福島県郡山市周辺）や貞山運河（仙台市など）などの計画、工事を実施しているにも関わらず、野蒜（のびる）築港（宮城県）の失敗からか全国的な人気は今一です（4章，6章参照）。

5.5 堰とダム

　河川を横断する工作物として堰やダムは最も大きなものの一つである。4 章や 6 章に詳細は譲るが，近年ではダムマニアが増え，観光地化しており，最も知られた河川工作物といえる。堰やダムには親水施設が敷設されることが多く，河川を学ぶ場を提供している。堰堤は堤防や護岸，床固，水門，魚道などで構成されていることに注意する。

5.6 水門

（1） 水門の種類

　水門は水の流れを制御する機械類をいうが，広義では水の流れを可動部で調節する機械構造物であり，堰やダムに敷設しているゲートも含む。狭義では堤外と堤内の流れを制御する構造物を意味する。ここでは前者について説明する。

　特に堤防に設置され，堤外と堤内をつなぐ水門を樋門や樋管[20] と呼ぶ 。洪水時には水門を閉め，堤内地への水を防ぐ一方，平水時には排水，取水を行う。樋門と樋管の区別は明確でないが，小さい構造物を樋管と呼ぶことが多い。2m 以上を樋門と区別しているものもある[21]。古いものでは逆流を防ぐ水門を門樋や逆除と呼ぶこともある。

　他に，航行のために水路の水位を調節して船を昇降させる施設を閘門という。パナマ運河は途中 26m 高いガトゥン湖を通過するため，閘門が設けられている。舟運の発達した欧州で

左・富山市富岩運河環水公園内にある中島閘門
右　石井閘門　国土交通省東北地方整備局 http://www.thr.mikasen.net/@2/kitakami/kyukita/05/ishii/aero0111.jpg（日本国内で稼動するレンガないし石造の閘門は 4 ヶ所しかなく，その中で石井閘門は最も古い。重要文化財。土木遺産）

写真 5.13　閘門

20 樋は水路の意味を持つ。
21 建設コンサルタンツ協会近畿支部の「樋門・水門等 維持管理マニュアル（案）」には大きさ 2m とあるが，水路幅のことと思われる。なお，このマニュアルの最後にも樋門樋管に差異はないとある。

左：角落し　　中：スルースゲート　　　右：アルミ式角落し

写真 5.14　角落し

は産業革命以前に航行用の水路が道路の代わりに整備されており，高低差を通過できるように多くの閘門が設置された。現在でも物流や観光に利用されており，あちこちで見ることができる。一方，日本では港湾において，河川水の流入を防ぐものとして閘門を設置することが多く，船の昇降を実際に見ることができる施設は少ない。この閘門に似たものとして，普段は車や人の通行を許し，洪水時に締め切る水門を特に陸閘（りくこう）と呼ぶ。江戸時代以降に建造されている。

（2）　可動部の種類

角落し（かくおとし）

　角材をせき柱の溝に落とし，水を遮断する。この角材の数により水位を調整できる。水路幅が小さく，水位調節の操作が少ない場所で用いられる。身近なものとしては農業用排水路で見ることができる。

スルースゲート

　角落しの角材を一枚にし，機械または人力によって上下させるゲートである。溝と角材の摩擦を小さくするために，ローラーが角材に固定されているものを固定ローラー付きスルースゲートという。ローラー部が独立して角材（止水材，扉体）とは別にローラー部も移動できるものを特にストーニーゲートという。

マイターゲート

　いわゆる観音開き式であり，上部の機械部が必要ないため，低く設置することができる。片開きのものを特にスウィングゲート，上下開きのものをフラップゲートと呼ぶ。規模はフラップゲートが最も小さい。土砂の堆積が無いような箇所に利用される。日本では上空を気にせず航行できるため，閘門によく利用される。

ローリングゲート

　円柱の扉体を上下に転がしてゲートの開閉を行う。扉体巻き上げ時の力を小さくできるが，構造が複雑であり，維持管理が難しいため，近年はあまり用いられない。水門の幅が広く，

左：中島閘門マイターゲート
右：フラップゲート
国土交通省（http://www.mlit.go.jp/sogoseisaku/region/chiiki-joho/mmagazine/vol28.html

写真 5.15　マイターゲート

土木学会 http://www.committees.jsce.or.jp/heritage/systen/files/images/2015 10.jpg

写真 5.16　ローリングゲート　駒ケ根市南向発電所

せき高が高い場合に用いられる。他のゲートと比較してゲート上の越流を許すことができ，構造が固剛であるため，砂礫などの多い河川にも使うことができる。

テンターゲート，ラジアルゲート

　止水部材の断面が弧状になっており，弧の中心にある回転軸を回転し，上下させる。水圧の大きなダムによく用いられる。これは扉体がどの位置にあっても，水圧の合力が常に回転

左　株式会社丸島アクアシステム　ラジアルゲート　http://www.marsima.co.jp/product/water_gates/
discharge01/index.html

右　新潟市　山の下閘門　セクターゲート　http://www.pref.niigata.lg.jp/niigata_kikaku/1356871149335.html

写真 5.17　テンターゲート

軸に向かうため，開閉による水圧の変化を考えなくて良い利点を持つ。また，高さが低く抑えられる利点もあるが，前後方向は長くなる。扉体の上部を越流すると弱いので留意する必要である。セクターゲートと呼ぶこともある。一般には上下方向に回転することが多いが，水平方向に回転させる場合もある。こうすると上部を開放することができ，航路などに利用することもできる。テンターとはこのゲートを 1886 年に初めて考案した技術者名にちなむ。

ラバー堰，ゴム堰，ラバーゲート

ゲートの開閉をゴムチューブの膨張収縮によって代用したゲートである。ラバー堰は起伏堰の一種であり，起立することによって止水し，内部の空気を抜くことによって倒伏し，流

左　最上川さみだれ大堰（国土交通省東北地方整備局

右　宮城県川内沢川ラバー堰

写真 5.18　ラバーゲート

水させる。塩分遡上を防ぐ河口堰に利用されることもある。維持管理が容易であり，操作機械も大型にする必要がない長所がある。一方，ラバー堰には倒伏するときに堤高が均一でなくなり，1 点がつぶれて流量が増大する V ノッチ現象が知られている。また，越流水深が大きくなると柔構造由来の振動が発生し，騒音や水理環境に有害な作用をすることがある。

5.7　魚道

(1)　魚道の役目

　堰やダムによって流れが阻害された箇所に生物が通過できるように配慮した水路を魚道という。魚道の構造は基本的に流下水路に障害物を設けて乱れを生じさせ，様々な流速場を作ることを目的としている。近年では魚だけに限らず，甲殻類や水生昆虫などの無脊椎動物やうなぎの遡上を助けるものもある。魚道の種類は水理学的な機能によって大きく分けて，プー

| 階段式 | アイスハーバー式 | バーチカルスロット式 |

写真 5.19　プール式魚道（いずれも黒部川）

ル式とストリーム式，その他に分けることができる。

(2)　プール式魚道

水路の中に仕切壁（隔壁）を設けて，プールを作り，魚の休憩場所を作る。越流させる場合と壁に穴を設ける場合がある。近年では土砂の堆積を防ぐため，隔壁の底部に穴を開ける（潜孔）ことが多い。

階段式

　広く採用されており，多くの魚道の原形ともいえる。魚の休憩場所として連続的なプールで形成されている。複数の実験によってその効果が確かめられている。隔壁上全面を越流する場合，間歇的な流水によって波が生じ，プール内に周期的な水面変動をもたらすとされ，魚の遡上を妨げるとされた。そのため，隔壁上部に段差（切欠き）を設けることが対策として用いられる。その発展型が両側に切欠きを持つ，アイスハーバー式と呼ばれる魚道である。階段式魚道は土砂が堆積しやすいため，潜孔を設けることが一般になりつつある。

バーチカルスロット式

初めて導入されたのは1946年カナダのFraser川とされる。後述するデニール式とならんで近代魚道の1つに挙げられる。その特徴は、遡上魚が任意の水深位置を選べて、かつ上流の水位変化によって魚道の流況が大きく変化しないことである。各プールの容量は魚の遡上ピーク時の収容能力から計算される。

潜孔式

隔壁の下部に潜孔を設けて、魚はこの孔口を通過する。魚道内の流況が上流側の水位に影響をほとんど与えない特性を持っている。潜孔は太いパイプを用いたり、特殊な工夫をしたものがあるが、現在では隔壁下部を矩形に開けたものが多い。階段状の越流部を通過するより、潜孔のように入り口が水中にある方が魚はよく入るとされている。最近では階段式やバー

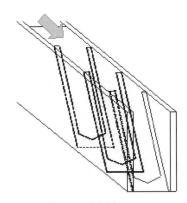

扇型棚田式魚道　最上川　　　　　　　デニール式魚道

写真 5.20　ストリーム式魚道

チカルスロット式に潜孔を設けたものも多く利用されている。

(3) ストリーム式魚道

プール式とは違い、流れを阻害することなく、突起を付けたり、阻流板と呼ばれる板を鉛直に複数立てて、流速を変化させて魚の遡上を助けるものである。傾斜水路につける突起は玉石や桟型の構造物が多い。

導流壁式

バーチカルスロット式と類似であるが、水路に隔壁が交互に付いており、流れ自身を阻害することは無く、魚の休憩場所を持たない。プールする空間が無い場合に特にこの名称を使う。

デニール式

魚の行動特性に基づいて1908年にデニール（Denil）によって設計された。当時新しかったこの形式は欧州や北米において広く使われるようになった。凹形の板を斜めに連続的に設置している。下部はプール状になるため、中央部に切欠きがある階段式にも見える。水面付近の流速は大きく、下部は小さい。発展した形として、2階建てデニール、アラスカスティープパス、船通し式などがある。様々な流速を生じるため、大型魚、小型魚ともに有効とされ

ている。

粗石付き斜路式

　水路に様々な石を付けることによって，様々な流速を生じる。自然石を使うため，景観的にも優れている。異なる大きさの石を不規則に設置することによって大小の魚に対応でき，休憩場を与えることができる。堰の前面に扇側に設置した魚道や棚田式魚道などがある。これらの魚道は本川に設置されることが多く，設置や維持管理にコストがかかることに留意する。

(4) その他の魚道

　他には閘門式やリフト（エレベーター）式などがある。閘門式は水位差の小さい下流域の堰に設けられることが多いが，ダムなどの大型堰に設けられたボーランド（Boland）式などもある。ともに魚の遡上に併せて上下流のゲートを操作して，流れと水位を調節する。閘門式は下流側のゲートを閉め，上流側のゲートを開けて水位を上昇させ堰を越流させ，魚の遡上を導く。ボーランド式は管路内を通過するタイプであり，魚が管路に入ると下流側のゲートを閉め，明るい上流部に導く。

　リフト式は呼び水や魚道を用いて遡上魚をホッパーと呼ばれる器に入れたのち，機械で持ち上げて上流側に放流するものである。機械でなく，管路を通じて水塊と一緒にエアリフト

長良川　閘門式魚道

エアリフト魚道(羽地ダム)
写真 5.21　様々な魚道

で持ち上げるものもある。フィッシュポンプとも呼ばれる。

　日本うなぎの稚魚が上がれるようにブラシを付けたものや蛇籠を堰堤前面に付けて多孔質の中を通れるようにしたうなぎ魚道や，筑後川大堰のようにロープを通してワタリ蟹やえびなどの遡上を助けるものもある。

(5) 魚道の問題

　魚道部分は粗度が高いため，流速の低下に伴い土砂が恒常的に堆積しやすい。また，複雑な構造なため，洪水時に破損しやすく，土砂によって埋没することもある。流れの変化によっ

て河道が変わり，導水されていない魚道もしばしば見られる。魚道は定常的な維持管理が必要であり，その費用を考慮しなければならない。また，多くの魚道は全ての水生生物に対応しているわけではないことに留意する。

　最近ではカワウを代表とする鳥が魚道を餌場とする問題が生じている。その対策として水位を上げることによる捕食を防ぐ鳥害ブロックやネットを張ることなどが採られている。これは河川の景観を損ねることもあり，より効果的な対策が望まれている。

川へ行こう　魚道を見にいこう

　最上川下流にある「さみだれ大堰」や「長良川大堰」などは魚道をわきから見ることができる観測窓が付いています。

　魚道の側面がガラスになっていて魚の遡上を見ることができ，時期が良いと複数の種類の魚を見ることができます。

　残念ながら都市河川では魚道を見ることが殆どありません。多くの魚道は，生態系のためというより水産資源のためであり，内水面漁業（河川や湖沼での漁業）組合があるところに多く設置される傾向にあります。これは要請があるからです。近年では環境問題の高まりから，一般市民による魚道設置の要請も増えてきています。

　河川法の改正以降，こうした要請に応えて魚道が設置されています。魚道には様々な工夫がされており，水理学的にも生態学的にも理に適ったものであり，多くを学べる河川工作物です。

5.8　その他の工作物

　他にも多くの興味深い河川工作物がある。3章で紹介されている砂防ダムや治山ダムも様々な形状がある。4章で紹介した堤防と一体となっている遊水地や，住宅地に設置されている調整池と調節池も身近である。ダムやため池など規模の大きい貯水施設は6章で紹介されている。他に，水道施設である円筒分水や穴倉など，農業に関する工作物が数多くある。こうした工作物は数多く，歴史を感じさせる。

　水車も河川工作物の一種である。農業用水路に多く設置されるため，河川工学ではあまり論じられることはないが，発電と同じく動力を生む。日本ではそばや小麦の製粉に利用されることが多いが，欧州では排水機の動力や林業の製材に利用されることが多い。近年では水車による発電も行われており，水辺の景観とともに観光資源として利用されている。

　河川に魚を採る施設として簗も代表的な河川工作物である。北海道で見られる鮭を採るためのインディアン水車も簗の一種である。水路をせき止めて，遡上または降下する魚をネッ

左：白鷹町の築場　右：インディアン水車
写真 5.22　漁業工作物

トで採集する。多くの地域で築場が設けられており，川魚の食事と一緒に観光資源化されている。

　最後に伏越について示す。伏越はサイフォンとも呼ばれており，2つの河川を交差させる場合に利用される。特に川の下を通るトンネル水路は埋樋や逆サイフォンとも呼ばれる。川の上を通る場合は掛樋や架樋と呼ばれる。

　本書でしばしば取り上げられる宮城県吉田川の下流には幡谷サイフォンが存在し，吉田川を鶴田川が伏せ越しし，高城川となって松島に注いでいる。高城川には元禄期と明治期に作られた水路トンネルである潜穴があり，土木遺産に認定されている。これらの排水施設は，

写真 5.23　幡谷（はたや）サイフォン，上下に流れるのが吉田川
上が上流。右から流入しているのが鶴田川，左に抜けるのが高城川。

広大な湿地であった品井沼を干拓し，耕作地にするために建設された。この事業に携わった鎌田三之助はわらじ村長として地元から今も敬愛されている。

川へ行こう　河川工学の偉人

　武田信玄の信玄堤や直江兼続の直江堤（山形県米沢市）など戦国武将の名前が付いた河川工作物が数多くあります。しかし，実際は家臣の土木技術者が具現化しています。伊達政宗の家臣である川村重吉は治水と利水の双方に名を残した土木技術者といえます。一方，加藤清正は実際自ら構造物を工夫したといわれています．そ

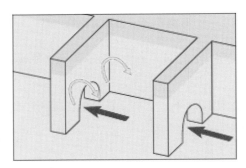

の中で傑作なのが鼻ぐりと呼ばれるものです．これは断面を小さくすることによって掃流力を上げて用水路に土砂が貯まらない仕掛けであり，現在も残っています．一見すると魚道の潜孔のようです．

　明治維新以降，欧米の土木技術が盛んに用いられるようになり，多くの技術者が輩出されました．その中でも河川工学分野においては沖野忠雄（おきのただお），田辺朔郎（たなべさくろう），青山士（あおやまあきら）などが著名です．沖野は淀川改修や大阪築港を，田辺は琵琶湖疎水を指揮しました．青山は内村鑑三の「後世への最大遺物」（土木構造物のこと）に感銘を受けて土木技術者を志したといい，パナマ運河建設に携わり，荒川放水路や信濃川大河内分水路（おおごうちぶんすいろ）などの大型施設を指揮しました．欧米技術の導入とは別に，明治に天竜川の総合開発を独自で行った金原明善（きんばらめいぜん）の業績も地元では広く知られています。金原明善は孟子の言葉「河を治むるは其源（そのみなもと）を養うに在り、源を養うには山を治するに在り」を実践したと言われています。

参考文献

1) 吉川秀夫，河川工学，朝倉書店，1987
2) 和田一範，有田茂，後藤知子，わが国の聖牛の発祥に関する考察 – 近世地方書にみる記述を中心として，土木史研究，24，359-366，2004

第6章

利　　　水

6.1　河川水の利用

6.1.1　日本の水資源と水資源賦存量

　陸上の水資源は基本的に降水によってもたらされている。国土交通省（2014）によると我が国の平均降水量は 1,690 mm/y であり，この値は世界平均の 810 mm/y の約 2 倍と報告されている。この 1,690 mm/y に日本の国土面積である 380,000 km² を掛けて，日本の総人口 1.2 億人で割ると，約 5,000 m³/ 人となる。この値は 1 年間一人当たりの降水量であり，世界平均の 16,000 m³/ 人の約 1/3 に相当する。したがって，日本の降水量は多いものの，人口も多いため，降水による一人当たりの水資源は少ないと言える（図 6.1）。

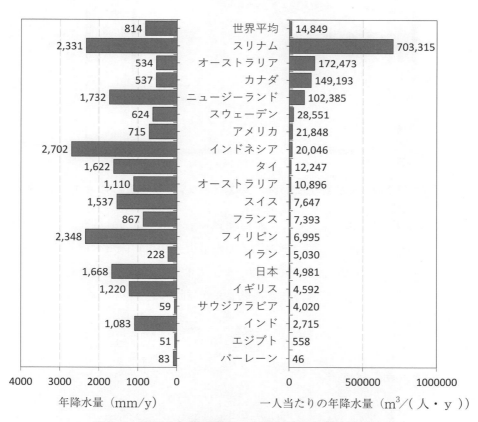

図 6.1　国別の年降水量と一人当たりの年降水量

（国連食糧農業機関の「AQUASTAT」の 2014 年時点（人口は 2015 年時点）の公表データを元に著者が作成。世界平均は「AQUASTAT」に人口・国土面積・年降水量のすべてが掲載されている 183 ヵ国について国土面積で重み付けして計算した。）

　日本の平均降水量の 1,690 mm/y は，他国と比較することで，その大小関係を理解するのに役立つ。しかし，重要なことは，この降水量は時間的・空間的な平均値でしかなく，そのばらつきが大きいことを理解しておくことである。図 6.2 に示した我が国の年降水量の平年値（統計期間 1981 ～ 2010 年）の地域差をみると，九州・四国・紀伊半島の南部などの多いところでは 3,600 mm/y を超えており，これは平均の約 2 倍である。少ないところでは北海道網走平野周辺の 900 mm/y 程度であり，平均の約半分である。また，月別にみると日本海側の福井・石川・富山・新潟の 4 県は降雪によって冬季の降水量が多くなる。

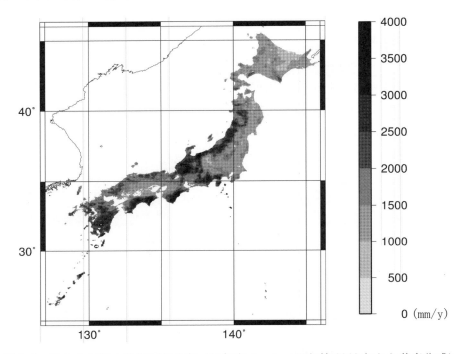

図 6.2　日本の年降水量の空間分布（気象庁メッシュ平年値 2010 年から著者作成）

　水資源に関する指標の一つとして，水資源賦存量（図 6.3）がある。これは国土交通省（2014）によると「水資源として，理論上人間が最大限利用可能な量であって，降水量から蒸発散量[1]を引いたものに当該地域の面積を乗じて求めた値」と定義されており，その値は 4,100 億 m^3 とされている。日本の年降水量 1,690 mm/y の約 1/3 の約 600 mm/y が蒸発散量

図 6.3　水資源賦存量（国土交通省（2014）を元に著者作成）

1　地表面および水面等からの蒸発量と植生からの蒸散量の和

として大気中に戻ってしまうため，単位面積当たりの水資源賦存量は 1,000 mm/y 程度になる。1,690 mm/y は成人男性の身長程度とおぼえることができる。この場合，頭から胸の下のあたりまでの高さの分は蒸発散となり，胸よりも下の高さが理論上われわれの利用できる最大の水資源量となる。

6.1.2　各種用水と水利権

国土交通省（2014）によると，2011 年のわが国の水使用量は 809 億 m³/y と推計されている。これを総務省統計局（2012）による 2011 年 10 月 1 日時点の総人口 1.2 億人で割ると，1 人当たり 628 m³/y になる。 1995 年まで水使用量は増加していたが，その後は増加せず，1998 年頃から減少に転じている（図 6.4）。これは，節水への取り組みの影響によると考えられる。節水は，利用する水の量を減らす狭義の節水と，使用した水を再利用する広義の節水とがある。国勢調査を開始した 1920 年以降，日本の総人口が 2011 年に初めて減少に転じていることや，節水型の水栓・シャワーヘッド・トイレの普及や中水[2]の利用拡大に代表される節水意識の高まりを考慮すると，今後も水使用はしばらく増えないと見込まれる。

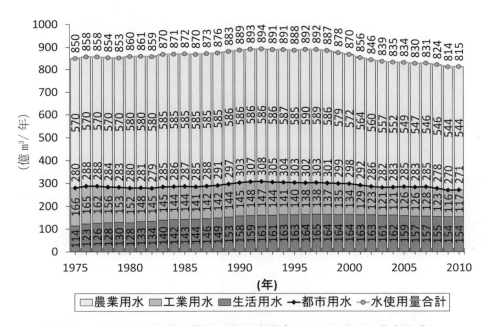

図 6.4　日本の水利用量の推移（国土交通省（2014）を元に著者作成）

水資源の利用形態（表 6.1）は，大きくは農業用水と都市用水に分類される。この表では，国土交通省および東京都水道局のデータを元にそれぞれの使用量を m³/(y・人) の単位でとりまとめた。農業用水は，主に稲作，作物の栽培，畜産業に利用する水田かんがい用水・畑地かんがい用水・畜産用水で構成される。都市用水は，工業用水と生活用水に大別される。

---

2 排水を処理して再利用した水

表 6.1　水資源の利用形態（2011 年）。単位は m³/(y・人)

国土交通省 (2014) のデータおよび東京都水道局のデータ (https://www.waterworks.metro.tokyo.jp/faq/qa-14.html#2) を元に作成。

分類1	分類2	分類3
農業用水（426）	水田かんがい用水（400）	
	畑地かんがい用水（23）	
	畜産用水（3）	
都市用水（207）	工業用水（88），この他に回収水を275使用するので合計で364	
	生活用水（119）	都市活動用水（39.1） 生活用水量と家庭用水量の差から算出
		家庭用水（79.8，東京の場合） 0.220 m³/（人・日）から算出
その他用水 （4.73-6.19）	消・流雪用水（0.0980）	消雪用水（0.0441）
		流雪用水（0.0538）
	養魚用水（0.0377）	
	発電用水（4.59-6.06，ただし河川等に戻る）	
	その他（不明）	

生活用水は職場・学校・病院などの事業所で利用される都市活動用水とそれ以外の家庭用水に分類される。量は少ないものの，その他用水として，消雪・流雪を目的とした消・流雪用水（＝消雪用水＋流雪用水）・養魚用水・発電用水もある。農業用水や都市用水の他に，水質改善，景観形成，生態系の保全を目的とした環境用水がある。

　使用量別に見ると，農業用水が突出して多く，主に水田かんがい用水に利用されていることがわかる。都市用水の一つである工業用水量は 1980 年頃までの工業用水量の急激な増加を受けて，回収水（工場などで利用した工業用水をその工場内で回収し，必要に応じて浄化して再利用する水）の利用が広まったために現在の量で収まっている。回収水を含めても，使用している水量は農業用水より少ない。生活用水は，119 m³/(y・人) と農業用水に比べてかなり少ないことが分かる。東京都内の一般家庭において利用する水量は 0.220 m³/(日・人)程度と推計されている[3]ので，この値に日本の人口と 365 日を掛けて年間の使用量に直すと家庭用水量は 79.8 m³/(y・人) 程度と推定される。生活用水と家庭用水の差から，都市活

3　用途別に個人が使用する水量を積算して求めた生活用水量は 138 ℓ/(日・人) とある（中澤，1991）。

動用水の使用量は 39.1 $\text{m}^3/(\text{y}\cdot\text{人})$ 程度と見積もられる。

　河川の流水や湖沼の水などの公共用水域[4]の水を農業用水や都市用水などの各種用水として利用するには，河川法に基づく許可が必要である。この許可に基づく公共用水を利用する権利を水利権という。河川の流水は，①河川区域内の表流水，②河川区域内の地下水，③河川の表流水と一体をなしていると認められる河川区域外の地下水，の３つが該当する。③は，井戸水として地下水を利用することによって河川水に直接影響がある地下水が該当する。したがって，河川の表流水と伏流水を対象としたもので，河川から離れた地下水は水利権の対象とならない。利用量が多くなれば水を巡った争い[5]が発生するため，この水利権が必要である。水の利用形態は地域によって異なるため，水利権は地域ごとに設定されている。水利権は，河川法に基づいて許可された許可水利権と，歴史的に河川水の利用が認められてきた慣行水利権に分類することができる。慣行水利権は，旧河川法の制約前あるいは河川法による河川指定前から長期に亘り水を利用してきた事実があって，権利として認められたものをいう。許可水利権の主眼は，水利権によって使用する水の量を管理することにある。一方，慣行水利権は利水者間の水利用を包括的に規定することに主眼があり，両者の性格は異なる。この点を高橋（2008）は，「この両水利権の共存は，水利用をめぐる伝統的慣習と近代的合理性の妥協の産物と見られる」と表現している。

　水利権は流量に応じて定める安定水利権・豊水水利権・暫定水利権に分類することもできる（表6.2）。安定水利権は，原則として申請した取水量が基準渇水流量[6]から河川の維持流量（次節で概説）を差し引いた流量（基準流量）に収まるため，安定した取水を期待できる。これに対し，豊水水利権は，河川流量が基準渇水流量を超える場合に限って取水できる権利を指す（次節の豊水量とは関係はない）。安定水利権はその性格から通年利用できるが，豊水水利権はそうなるとは限らない。暫定水利権は，水需要の急増時に社会的に取水が強く

表 6.2　水利権の分類

水利権	許可水利権	安定水利権
		豊水水利権
		暫定水利権
	慣行水利権	

4 水質汚濁防止法において，公共用水域とは「河川，湖沼，港湾，沿岸海域その他公共の用に供される水域及びこれに接続する公共溝渠，かんがい用水路その他公共の用に供される水路をいう」と定義されている。水質汚濁防止法は，1970年に公布され，翌年から施行された公共用水域における水質汚濁の防止に関する日本の法律。

5 水紛争（water conflict）という．古くは水論といった。洪水の際も水紛争は生じる。

6 対象とする観測点の10年間の渇水流量のうち最小の値に相当する流量。

求められた場合に限って個別に許可される。このため，期限を定めて許可される。この暫定水利権は豊水時に実現可能になるため，暫定豊水水利権とも呼ばれる。

6.1.3 河川管理に必要な各種流量

前節で言及した河川の維持流量とは，流水の正常な機能を維持するために必要な流量を指す。この維持流量は，舟運・漁業・景観・塩害の防止・河口閉塞の防止・河川管理施設の保護・地下水位の維持・動植物の保護・流水の清潔（水質）の保持を考慮した，渇水時において維持すべき流量のことを指す。維持流量に似ているが異なる流量として水利流量があり，これは下流における農業用水などの取水のために必要な流量と定義されている。河川管理においてしばしば使われる正常流量とは，この維持流量と水利流量の双方を満たす流量と定義される。ただし，維持流量と水利流量の大小関係は河川間や河川の上流と下流で異なる水利用形態に応じて変化する。

また，河川管理に用いられる言葉として，豊水流量または豊水量（豊水位）・平水流量または平水量（平水位）・低水流量または低水量（低水位）・渇水流量または渇水量（渇水位）（図6.5）があり，以下のように定義される（括弧書きの（豊水位）等は，これらの流量を水位としてみる場合に用いられる）。

- 豊水流量または豊水量（豊水位）：1年を通じて95日はこれを下らない流量（水位）
- 平水流量または平水量（平水位）：1年を通じて185日はこれを下らない流量（水位）
- 低水流量または低水量（低水位）：1年を通じて275日はこれを下らない流量（水位）
- 渇水流量または渇水量（渇水位）：1年を通じて355日はこれを下らない流量（水位）

流況曲線は，1年間の日平均流量を大きさ順に並べ替えた曲線である。その95番目・185番目・275番目・355番目の流量（水位）がそれぞれ豊水流量（水位）・平水流量（水位）・低水流量（水位）・渇水流量（水位）である。一般に流況とは河川流量の1年間の変動状況を指す。流況曲線は1年の日流量データのみで描画できるが，1年間以外の期間でも同様に作成できる。このため，異なるデータ期間を相互比較する場合には，第2章で紹介した超過

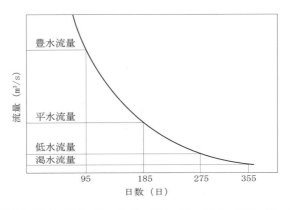

図6.5　流況曲線と豊水（流）量・平水（流）量・低水（流）量・渇水（流）量

確率（Exceedance probability: EP, 0.0 < EP < 1.0）を用いることがあり，諸外国ではむしろこちらの方が広く用いられている。

　流況曲線は，流域内の降水量の時間的・空間的分布や植生・土壌・地質・土地利用等の流域の特性によってその形状が変化する。また，同じ流域でも利用するデータの期間によって変化する。特に，低水流量や渇水流量が流域の表層地質の水理学的特性に依存することは古くから確認されている。例えば虫明ら（1981）は，低水流量や渇水流量は，第四紀火山岩が多く分布する流域において大きく，古生層や中生層が多く分布する流域では小さくなることを導き出している。この虫明ら（1981）が見出した関係はその後も確認されている（例えば，横尾・沖，2009）。また，流況曲線を利用して，山地流域の地下水涵養量の推定に向けた研究も行なわれている（横尾ら，2011）。

6.1.4　上水道・中水道・下水道

　日本の都市部の多くにおいては，上水道と下水道が整備されている。上水道は，生活用水および工業用水の一部（一部の中小事業所における工業用水）に利用されている。一般に，上水道は河川水や貯水池などの水源の水を浄水場まで引き，51 項目にわたる水道水質基準（厚生労働省，2015）を満たすように浄化された水が上水道を経由して我々の生活圏に提供されている。自分の水道水源，浄水場，ならびにそのルートを知っておくことは，水道水の安全性が脅かされた場合への備えとして必要である。日本水道協会（2014）によると，上水道の供給量は約 152 億 m^3/y であり，この量は生活用水とほぼ同量である。工業用水への上水道の使用量は多くないため，上水道のほとんどが生活用水と考えてよいだろう。

　われわれの生活圏で使用された 265 億 m^3/y の都市用水のうち，130 億 m^3/y が下水処理されている（国土交通省，2005）。なお，日本下水道協会（2017）が報告している平成 28 年 3 月 31 日現在の下水道処理人口普及率は 77.8% である。下水処理場につながる下水道には合流式下水道と分流式下水道がある。合流式下水道は，集水域内の雨水排水を下水道に流入させて一緒に処理する集水方式である。分流式下水道は，雨水排水を下水道に合流させない集水方式である。

　上水道と下水道のほかに中水道があることはあまり知られていない。国土交通省（2008a）によると，中水道は雨水，一度使用した水道水や下水処理水の再処理水（再生水）を，散水や水洗トイレ用水などの用途に使用するものである。これは雑用用途に使用されることから雑用水利用とも呼ばれる（図 6.6）。生活用水以外においては，上水道の水質基準を満たす必要がない場合が多い。一般にトイレの洗浄水などは中水道の水を利用しても問題は少なく，工業用水の一部として既に中水道は利用されている。現在，我が国で中水道として利用されている水量は，1.46 億 m^3/y である[7]。中水道の利用方式には個別循環方式（東京国際フォー

7　環境省（2010）による日量 40 万 m^3 から算出

ラムなど）・地区循環方式（福岡市田村団地など）・下水再生水を利用する方式（フジテレビジョン本社）・雨水利用方式（綾瀬市役所）がある。いずれも，上水道とは別に中水道専用の送水設備が必要になるため，一部の大規模施設でのみ利用されている。

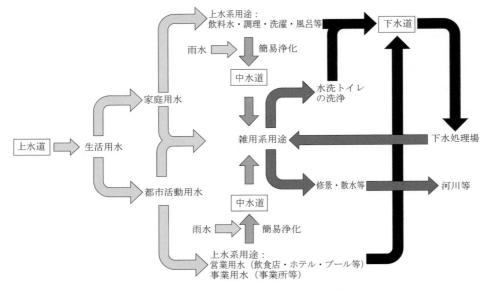

図 6.6　上水道・中水道・下水道

6.1.5　水資源の開発

（a）ダムの原理

河川水や水資源の開発とは，主に河川の水量が多い時の水を一時的に貯留し，水が足りないときにそれを使えるようにすることである。図 6.7 に基づいて説明を加える。図の一番下は年間を通じて流れる河川流量である。この状況でさらに水を使えるようにするため，A の部分の河川水を開発しようとする。この開発水量を補うために，a の水量を貯留する。さらに，B の部分の河川水まで確保しようとするため，b の水量を貯留する。これら a や b の水量を確保できるように，ダムなどの水資源開発施設を計画・設置することになる。

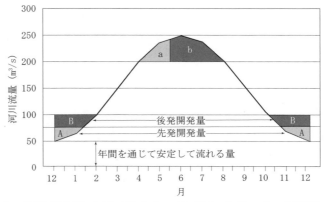

図 6.7　河川水の開発概念図（国土交通省［1996］平成 8 年版　日本の水資源を元に著者作成）

(b) ため池

水資源開発施設としては次節において詳述するダムが最も広く認知されている。しかしながら，古くは空海が改修したとして知られる香川県仲多度郡にある満濃池に代表されるため池もその一つと言える。農林水産省（2017）によると，ため池とは，「降水量が少なく，流域の大きな河川に恵まれない地域などで，農業用水を確保するために水を貯え取水ができるよう，人工的に造成された池のこと」と説明されている。ため池は，天然の池や沼を改築した場合と，新設する場合がある。全国の約20万ヶ所に存在しており，図6.8のように近畿・中国地方に多く分布する。また，ため池は古くから農業用水を確保するために築造されており，江戸時代以前に築造されたものが全体の70%，明治・大正時代までに全体の90%が築造されていたことが分かる（図6.9）。

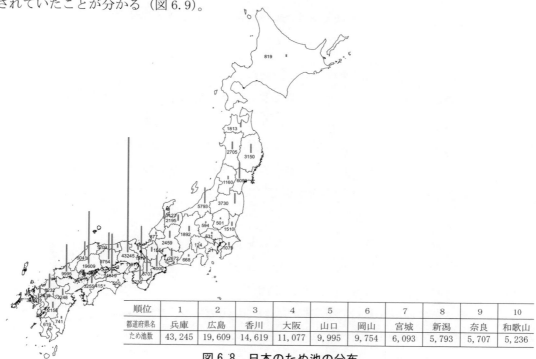

順位	1	2	3	4	5	6	7	8	9	10
都道府県名	兵庫	広島	香川	大阪	山口	岡山	宮城	新潟	奈良	和歌山
ため池数	43,245	19,609	14,619	11,077	9,995	9,754	6,093	5,793	5,707	5,236

図6.8　日本のため池の分布

（農林水産省農村振興局整備部防災課 [2017] をもとに著者作成）

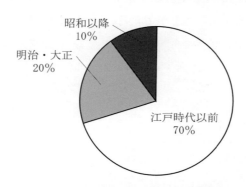

図6.9　日本のため池の築造年代

（農林水産省 [2017]　http://www.maff.go.jp/j/nousin/bousai/bousai_saigai/b_tameike/ をもとに著者作成）

ため池は，山間部で谷を閉め切って造成する谷池と，平地にある窪地の周りに堤防を築いて造成する皿池に区分される。また，棚状に複数のため池が連なる重ね池（または親子池）も存在する。ため池の堤体の構造で区分すると，均一の材料を用いて堤体全体で遮水する均一型，堤体内の一部に遮水性の材料を利用して遮水するゾーン型，上流側の法面にシートやアスファルトを施工して遮水する表面遮水型の3つに区分することができる（図6.10）。

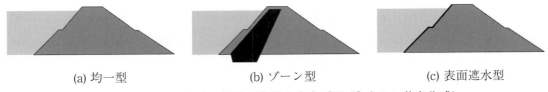

(a) 均一型　　　　　　　　(b) ゾーン型　　　　　　　(c) 表面遮水型

図6.10　ため池の構造（農林水産省 ［2017］を元に著者作成）

（c）湖沼

ダム湖以外の天然の湖沼も貯水池であり，その流出量を制御することでダムと同様の機能を果たすのが湖沼開発である。印旛沼開発事業・琵琶湖疏水事業・霞ヶ浦導水事業・猪苗代湖を利用した安積疏水事業（コラムで紹介）などがその代表例にあたる。平野部に位置する印旛沼・琵琶湖・霞ヶ浦では，集水域内の都市化や農地における施肥（せひ）（栽培する作物に肥料を与えること）などによって，水質の悪化や富栄養化が起こりやすい環境にあるため（7.2節参照），水の量と質の両方を監視して維持管理していく必要がある。

（d）河口堰

河川の河口に設置する河口堰もまた，水資源開発施設と言える。河口堰（図6.11）を設置すると，塩分を含む海水の遡上を防ぐとともに淡水となる上流側に河川水を貯留し，それを各種用水として下流部において利用できる。わが国の多くの河川に河口堰が設置されているが，長良川河口堰[8]はその代表例である。長良川は，河床を

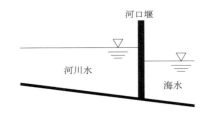

図6.11　河口堰の模式図

掘削して河積（河道の横断面積）を大きくすることで洪水を安全に流下[9]させるが，長良川河口堰はこの洪水流量も通過させることができる。独立行政法人水資源機構によると，長良川河口堰では非洪水時には水道用水や工業用水として最大 22.5 ㎥/s の水資源を新規に開発している。

8　長良川の河口部に設置した河口堰。治水や利水のために建設を望む声に応えて1500億円をかけて1994年に竣工されたものの，生態系や漁業への影響が建設中から懸念されていた。現在，事業の有効性を再評価するため，河口堰を開門し，その影響を調査している。

9　独立行政法人水資源機構によると，計画高水流量は 7,500 ㎥/s。

（e）流況調整河川

　流況調整河川もまた水資源開発施設にあ
たる。これは，複数の河川を人工の河川や
埋設管でつなぎ，流量が不足している河川
に，流量が不足していない河川から水を融
通し，河川流量を増加させることで水資源
を開発する。利根川と江戸川をつなぐ利根
川広域導水事業や，茨城県の那珂川・霞ケ
浦・利根川を結ぶ霞ケ浦導水事業などがそ
の具体例に当たる。中国南部の水を北部に
融通する南水北調（図 6.12）もその例と
言える。南水北調プロジェクトは，豊富な

図 6.12　南水北調

（産経新聞［2015］を参考に著者作成）

水量を誇る長江の河川水を水資源の乏しい北京や天津まで送水するもので，総投資額が約
5,000 億元（約 8 兆円［16 円／元で換算］），東ルートの幹線用水路が 1,156　km，中央ルー
トの幹線用水路が 1,246　km の大プロジェクトである。

（d）新しい水源

　全国的な水需要が減少している現在，新規の水資源開発は少ない。しかしながら，産業変
化や事業所の移転に伴って水需要が偏在することによって，新しい水源を模索する動きはあ
る。

　新しい水源として利用が期待できるものの代表例は，都市部における雨水である。時間
雨量が 180　mm/h（1982 年 7 月 23 日 19 〜 20 時に長崎県西彼杵郡長与町役場で観測した 187
mm/h が日本記録，気象庁長崎地方気象台［1982］），日雨量で 1,300　mm/d（2004 年 8 月 1 日
に四国電力が観測した 1,317　mm/d が日本記録，気象庁［2004］）を超えるような猛烈な雨が
降る我が国では，治水上，洪水はすみやかに海に流す必要があるが，この雨を平野部で一時
的にでも貯留できれば，治水上有利に働く上に，それ
を資源として利用できる。従来から，福岡ドームのよ
うに公共施設の地下などに雨水貯水池を設ける例があ
る。近年では,雨水タンク（図 6.13）を各戸に設置し，
雨水を一時的に貯留する動きが出てきている。宮城県
仙台市では，ニッカウキスキー仙台工場の廃棄樽を再
利用した家庭用の雨水タンクの設置が行われている。
雨水タンクに貯留した水は飲用には適さないものの，
庭の散水や掃除などに利用すると上水道のコスト削減
にも貢献できる。

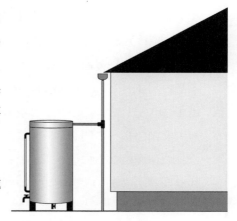

図 6.13　雨水タンクのイメージ

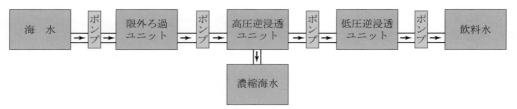

図 6.14　海水淡水化プラントの処理工程の概要

　雨水利用よりもコストはかかるが，海水の淡水化による水資源開発も行われている。海水の淡水化とは一般に，図 6.14 のように海水をろ過した上で逆浸透膜を介して飲用に供する水を造る処理のことを指す。離島部は一般に面積が小さいため，雨水の滞留時間が著しく短い。また，貯水池を設置できる土地も限られるため，水利用が制限される場合が多い。沖縄には造水能力 40,000 m³/d のプラントがあり，実際に使用されている。

　下水の再利用を進めることで新しい水資源を開発する動きもある。下水の再利用は，処理に相当の費用が必要になる点が問題である。しかし，飲用に供する訳でなければ，それほど費用を掛けなくても再利用できる。例えば，トイレの水洗用水，消雪・流雪用水，環境用水の一部などにはすでに下水の再生水が利用されている。また，河川に水を戻せば，下流における水の再利用が可能になる。なお，国土が小さく，水資源が乏しいシンガポールでは，下水処理水を高度処理した水を NEWater（ニューウォーター）と呼び，飲料水として供給している。しかし心理的ハードルが高いため，現在は貯水池に戻している。

コラム　安積疏水

　安積疏水は，降水量が少なく，水に恵まれなかった安積野（あさかの）の地（現在の福島県郡山市）に，猪苗代湖から水を引いた最初の国直轄の農業水利事業です。疏水とは，かんがいや舟運のために新たに水路を設置して通水することを指します。

　明治天皇の東北巡幸の下検分として 1876（明治 9）年に内務卿の大久保利通が郡山と福島を訪問しました。福島県の典事（当時の課長職）に就いていた中條政恒（なかじょうまさつね）は福島にあった大久保利通の宿舎を訪問し，安積野全域の開拓に向け，猪苗代湖の水を引く国直轄の事業の必要性を訴えた。大久保利通の後ろ盾を得て，1878（明治 11）年 3 月に国営開拓第一号事業として安積開拓が予算計上されました。この 2 ヶ月後の同年 5 月に大久保利通が暗殺されたのを受けて政府の安積開拓への関心が薄れましたが，中條の熱意によりこの事業は次の内務卿となった伊藤博文らに引き継がれ，実現に向けて前進しました。1989（明治 12）年，オランダ人技師のコルネリス・ヨハネス・ファン・ドールン（Cornelis Johannes van Doorn）の調査結果を受けて，明治政府は安積開拓の実施を最終決定しました。

　安積開拓によって安積疏水が通水するまで，安積野の地に全国から入植した開墾

者達は多くの苦難を味わうことになりましたが，通水後は疏水の水によって米などの農産物に恵まれるようになりました。また，疏水の流水を利用した発電と開墾して作られた桑畑によって繊維産業が栄え，郡山は福島を代表する町になりました。安積開拓事業の決定当時は5000人程度だった郡山の人口は，現在33万人を超えています。

安積疏水
（画像提供：安積疏水土地改良区）

コラム　安積疏水白江幹線の円筒分水

　写真は安積疏水の白江幹線（主要な水路）の末端において泉田支線（幹線から分派する幹線より細い水路）と稲田支線に分水する施設として使われている円筒分水です。貴重な農業用水を一定の割合で分配するために用いられています。上流側の白江幹線から流れ

安積疏水白江幹線の円筒分水

（福島県須賀川市泉田地内，著者撮影）

てきた水は円筒の下部から湧き出して側面に空いた同じ大きさの穴から流出するため，穴の数によって分水の割合を決めることができます。1956（昭和31）年の国営新安積開拓建設事業で作られました。

コラム　横川堰

　横川堰は，宮城県七ヶ宿町にある南蔵王山系を水源とする阿武隈川水系横川の源流域と最上川水系須川支流萱平川と山形県上山市をつなぐ利水施設群で，そのかんがい水路は山岳地帯にある県境を越える全国唯一の施設とされています。河川工学

の定義上，横川にかかる横川堰頭首工（5章）のみが横川堰と呼ばれるべきものですが，そこから上山市まで伸びるかんがい水路を含めて横川堰と呼ばれ，地元の人々に親しまれています。

横川堰（撮影者：風間　聡）

　横川堰は，水不足に悩まされていた上山藩（山形県上山市）を流れる須川流域の農民および農業振興のため，上山藩中生居（なかなまい）村の庄屋の七代奈良崎助左衛門が考案した利水施設です。1821年に奈良崎助左衛門は現地調査を行って分水図面を作成したのがその始まりです。横川が流れる角田藩の住民や有力者からの同意を得ていたため，正式な許可を待たずに翌1822年には私財を投じ，横川支流の一枚石沢から導水する水路の開削に着手しました。1828年に上山藩の隣の角田藩に分水許可の嘆願書を提出するも藩を越えた導水は認められず，その後何度も提出した嘆願書が認められることはありませんでした。七代奈良崎助左衛門の息子である八代奈良崎助左衛門は，父の意思を継いで1868年に隣村の同士とともに嘆願書を提出しました。1879年の山形県令（知事相当職）の三島通庸による宮城県令の松平正道への直接交渉を経て，1879年12月にようやく分水が正式に許可され，水利権が認められました。横川堰は1881年6月に完成し，その後1964年，1978年，2004年に改修工事や付替え工事を受けて現在に至っています。1964年の改修時にかんがい水路が準用河川の認定を受け，それに合わせて水利権が慣行水利権から許可水利権に移行しています。

　横川堰の建設への親子2代の60年にわたる長い道のりから，藩を跨いだ利水事業の難しさと当時の人々の利水への執念を強く感じることができます。

コラム　水源地の涵養量はどの程度か？

　山地流域は水源域であり，その下流の河川を潤しています。しかし，水源域における涵養量を評価することは簡単ではありません。山地流域に供給される降水量は地表面付近に到達すると，蒸発量や蒸散量としてその一部が大気に戻り，その残りが地表面から流出または浸透します。浸透した水は山地流域内の貯水量を増やし，その一部が最終的に河川に流出して海に至り，その残りは地下を経由して直接海に流出します。水源域の涵養量を評価するにはこれら一連の複雑なプロセスをなるべく正確に理解する必要があり，未だ研究の途上です。

　　われわれが利用できる河川の水量を
増やす量として涵養量を定義し直す
と，この涵養量の大小を推定する方法
を考えることはできます。例えば，横
尾ら（2011）は，渇水量が多い流域は
涵養量が多いと仮定し，日本全国の水
源涵養ポテンシャルマップを作製しま
した（右図）。

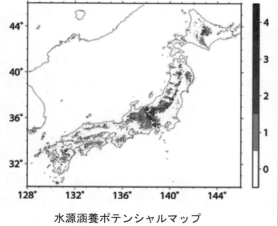

水源涵養ポテンシャルマップ

　　この図では，色が濃いほど涵養量が
多いと推定されています。この図を見
ると，南から屋久島，阿蘇山周辺，日
本アルプス，奥羽山脈の高標高部，大雪山周辺に涵養量が多いと推定される場所
が分布していることがわかります。これらの地域の近くには毎秒1㎥以上の大量
の湧水を生じる有名な湧水ポイントが分布していることから，この図はあながち
間違っていないのではないかと考えられます。

6.2. ダムと堰

　第二次世界大戦後から高度経済成長期に至るまでは，増加する総人口や都市域への人口集
中などを背景として日本の水使用量（特に都市用水）は増加し続け，水資源開発施設が数多
く建設された。その代表例がダムと堰である。ダム[10]は，堤体の高さが15 mを超えるもの
を指し，それ以外は堰と定義されるが，この区分は必ずしも厳密ではない。ダム便覧（日
本ダム協会，2017）によると，わが国のダム（新設中のものを含める）は2732基，堰は19
基，区分が不明なものが8基ある。なお，ダム便覧（日本ダム協会，2017）に掲載されてい
る19基の堰は，この便覧に含まれたものだけであり，それ以外にも無数の堰がある。また，
砂防堰堤は含まれていない。

6.2.1　ダムの目的

　日本におけるダムの主な設置目的は，貯水・取水・発電・土砂の流下防止である。貯水の
目的は，洪水時におけるダム下流への流量低減と，水利用に向けた貯水池の貯留量増加にあ

10　世界大ダム会議は，基礎から天端までの鉛直距離（堤高）が5m以上で貯水容量が3億㎥以上
　　のものをダムとしている．このうち，堤高が15m以上のダムをハイダム，それ以外をローダム
　　と区別している．日本の河川法では堤高が15m以上ものをダムとし，それ以外を堰としている（風
　　間，2011）．

る。取水の主な目的は，農業用水・工業用水・生活用水・発電などへの利用である。土砂の流下防止を目的としたダムは特に，砂防ダム（3章参照）と呼ばれる。砂防ダムに似ている治山ダムは，土砂の流出を防ぐための森林を維持・造成するために設置されるダムを指すため目的が異なる。ダムは，洪水調節・農業用水・工業用水・生活用水・発電のいずれか一つのみを目的とする専用ダムと，これらのうち複数あるいはすべてを目的とする多目的ダムに分類することができる。

　ダム便覧（日本ダム協会，2017）によると，ダムは江戸時代以前にすでに305ヶ所に設置されていたが，既設のダムと2015年4月以降に完成予定のダム数は2,759ヶ所である。これらのダムを目的別に整理すると表6.3の通りとなる。この表から，洪水調節・農業用水・工業用水・生活用水・発電用水・それ以外の不特定用水のうち一つを目的として設置された専用ダムは多目的ダムの2倍強の数があることが分かる。専用ダムのうち，農業用水を目的としたものが全体の2/3であり，それに次いで発電用水，生活用水，洪水調節の順に多い。工業用水や不特定用水を目的としたものは少ない。一方，多目的ダムをみると，洪水調整を目的に含む多目的ダムは749ヶ所と多目的ダム全体の882ヶ所の約85%であることから，ほとんどの多目的ダムは洪水調整を目的としていることが分かる。なお，全国治水砂防協会（2014）によると，砂防ダム（正確には砂防堰堤）は日本全国に85,000ヶ所ある。

6.2.2　ダムの種類と構造

　表6.3はダムの目的によって分類したものであるが，ダムの分類方法は他にもある。ダムの構造については，ダムの主要部分がゲートで構成される可動ダムと，主要部分が固定され

表6.3　目的別に整理した日本のダム

目的		ダム数
専用ダム	洪水調節 (F)	110
	農業用水 (A)	1220
	工業用水 (I)	19
	生活用水 (W)	127
	発電用水 (P)	398
	不特定用水 (N)	3
小計		1877
多目的ダム	洪水調節を含む	749
	洪水調節を含まず	133
小計		882
合計		2759

ている固定ダムに分けられる。また，固定ダムについては，堤頂部から洪水を越流させる越流式ダム，堤体外に洪水吐を有する非越流式ダム，堤体に穴があけられた穴あきダムに分けられる（写真6.1）。

(a)　可動ダム

（埼玉県の王淀ダム，著者撮影）

(c)　固定ダム（非越流式）

（岩手県の胆沢ダム，著者撮影）

(b)　固定ダム（越流式）

（宮城県の鳴子ダム，著者撮影）

(d)　穴あきダム

（鹿児島県の西之谷ダム，撮影者　糠澤　桂）

写真6.1　構造によるダムの分類

堤体に使用する材料によってダムは，コンクリートを材料とするコンクリートダム，土や岩石を材料とするフィルダム，ダムサイトの周辺で入手した岩石質の材料にセメントと水を添加して製造される Cemented Sand and Gravel（CSG）ダムに大きく分けられる（写真6.2）。コンクリートダムは，貯水池からの水圧をダムの自重で支える重力式コンクリートダム，アーチ形状の構造体の力学的特徴を利用して貯水池からの水圧をダム両岸の岩盤で支持するアーチダム，貯水池からの水圧を受ける鉄筋コンクリート板を扶壁（ふへき）（バットレス）で支えるバットレスダム，重力式ダムの内部を空洞としてコンクリート量を削減した中空重力式ダム，重力式コンクリートダムとアーチダムの特性を両方とも利用して貯水池の水圧を受ける重力式アーチダムに分けられる。フィルダムはさらに土を主体とするアースダムと岩石を主体とするロックフィルダムに分けられる。フィルダムは別途，遮水方法によって，ため池と同様に，均一型・ゾーン型・表面遮水型（図6.10）に分けられる。

(a) 重力式コンクリートダム
   （秋田県の玉川ダム）
(b) アーチダム（宮城県の鳴子ダム）
(c) バットレスダム（群馬県の丸沼ダム）
(d) アースダム（福島県の西郷ダム
(e) ロックフィルダム（岩手県の胆沢ダム）
(f) 台形 CSG ダム（沖縄県の金武ダム）
   （写真提供：内閣府沖縄総合事務局）
(g) 重力式アーチダム（岩手県の湯田ダム）

（(f) 以外の写真は著者撮影）

写真 6.2　ダムの材料による分類

6.2.3　ダム貯水池の容量配分

　ダムの設置によって生じる貯水池には容量配分が計画されている。図 6.15 は，容量配分図である。最低水位は，貯水池の計画上の最低水位を指し，堆砂容量分の砂が水平に堆砂したときの堆砂上面とするのが一般的である。通常，100 年分の堆砂量が堆砂容量として計画されている。なお，発電用ダムなどにおいて，最低水位が堆砂容量の上面よりも上に位置することがある。この場合，両者の間の容量は死水容量と呼ばれる。その上には洪水期制限水位（夏期制限水位）が設けられており，上流で発生した洪水を貯留するため，洪水期はこの水位になるようにダムは運用されている。最低水位から洪水期制限水位（夏期制限水位）ま

でが利水容量となる。非洪水期は，常
時満水位になるように貯水池の水位が
維持されている。常時満水位は，利水
のために貯水池に貯めることができる
最高の水位のことを指す。

その上のサーチャージ水位とは，洪水
時にダムの洪水吐を流下するときの水
位を指し，ダム自体が損傷しない最大
の水位である。洪水期制限水位（夏期
制限水位）からサーチャージ水位まで

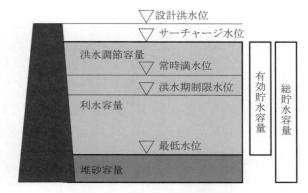

図 6.15　ダム貯水池の容量配分
（国土交通省関東地方整備局鬼怒川ダム統合管理事務所 (2005) のサイトを元に著者が作成）

の容量が洪水調整容量となる。なお，一番上に，設計洪水位が設定されている場合があり，
この水位は予想される最大の洪水時の貯水池の水位となっており，この時に貯水池のゲート
は全開になる。ダムの堆砂容量・利水容量・洪水調節容量を合わせて総貯水容量と定義する。
この総貯水容量から堆砂容量を差し引いたものが有効貯水容量となる。

6.2.4　ダムの設計，施工，維持管理と運用

　高橋 (2008) によると，ダムの設計に際しては，必要とされる貯水容量に加えて，候補地
の地形，地質，河川流況，降水量，水没地区の居住状況，土地利用状況を調査して，建設地
点を定める。次に，必要な貯水容量と集水域およびダム建設地点の地形等からダムの高さを
定める。また，建設地点の地形，地質，洪水規模，地震，周辺からの建設材料入手の可否，
輸送条件，さらには建設に際しての安全性や経済性を総合的に勘案してダムの構造型式を決
める。その上で，水圧，地震力などの外力に対して安全な断面を設計する。工事では，まず
ダム地点を干すための河川の付け替えに着手する。河道の一部だけを閉め切って工事をする
方法もあるが，我が国の場合，ダムの設置候補地点となる場所の河道は一般に狭いため，ダ
ム設置地点の脇の地山にトンネルを掘り，そこを一時的な河道とすることで上流の水を下流
に流す。ダム地点が干上がったら，表層の軟弱な地盤を取り除き，基礎地盤を露出させる。
この基礎地盤に亀裂などの漏水をもたらす可能性がある場合には薬液やセメントを圧入し，
基礎地盤を強化する。コンクリートダムの場合には，岩盤上面を高圧洗浄した上で，モルタ
ルを厚さ 2 cm 程度敷いた上にコンクリートをブロックごとに型枠を組んで打設する。なお，
コンクリートは固まるときに発熱し，冷えるときにひび割れを生じて強度が落ちてしまう。
この対策として，ダム内部にパイプを埋設しておき，その中に冷水を流すことでコンクリー
トの発熱量を抑えるなどの対策を行う。一方，フィルダムの場合は，遮水壁を設置する部分
の基礎地盤を高圧洗浄し，その上にコア材（土質遮水壁）を盛り立てていく。コア材の施工
が終わり次第，その上下流部にアースダムの場合は土を，ロックフィルダムの場合は岩石を
積んでいく。なお，フィルダムは完成後の沈下量を予測し，あらかじめその分だけ高く積み

上げて設置する。

　玉井ら（1999）によると，ダムの完成後は，まず試験湛水（試験的に水を貯めること）をする。水位を徐々に上下しながら，堤体の変位・漏水状況・貯水池の周辺斜面の変化などを観察し，必要に応じて対策を講じる。その上でダムの運用に問題ないことが確認された際に，維持管理に移行する。その後も，監査廊（監査を目的とした通路）と呼ばれる堤体内部の施設において堤体の変位・漏水状況・地震時の変位などを監視する。また，貯水池周辺の斜面の変化も常時監視する。

　図 6.16 は洪水時のダムの運用例を示している。洪水前のダムの水位は常時満水位以下または洪水期制限水位以下にあるが，流域内の降雨による流入量の増加が始まると，ダム貯水池内に水を貯め始め，洪水をピークカットした流量を下流に放流する。降雨の停止後に貯水をやめ，貯留した水の一部またはすべてを放流して常時満水位または洪水期制限水位に戻す。想定を超える大雨のため，早期に設計洪水位に到達にした場合にはゲートを全開して流入量をそのまま放流量として下流に流して対応する。このような事態を避けるため，大雨が続くことが予想される場合には，流入量が増加する前の段階においてダム貯水池内の水を放流し，ダムの

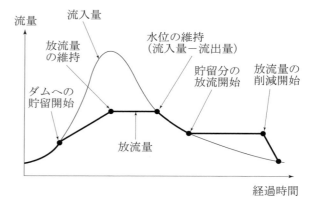

図 6.16　洪水時のダムの運用例

治水容量を増やす操作も行われている。なお，この場合，降雨前から下流の流量が増加することによる安全上の問題が生じる。このため，河川管理者や周辺自治体で構成される協議会を通じて事前放流の実施を通知し，下流に住む住民の安全を確保できるように努める。

　ダムにおける実際の水位調整方式として，自然調節方式・一定量放流方式・一定率一定量方式・定開度調整方式・不定率方式がある。自然調節方式（図 6.17(a)）は，機械式水門を装備していないダムの洪水調整方式である。この場合，流入した洪水の一部はダムに設置された洪水吐（洪水を流す水路）から放流される。放流量はこの水路の断面とダムの水位によって自動的に決まる。ダムによっては，水門を備えていても洪水調整中は水門の開度を固定している定開度調整方式も，自然調整方式に含まれると考えることができる。比較的小さな流域においては降雨後の出水が速く，水門の操作が難しいため，定開度調整方式は小流域の洪水調整方式として多く採用されている。この場合，ゲートは非洪水時の放流量の調整のために操作されることになる。一定量放流方式（図 6.17(b)）は，一定の流量以上の水をダムに貯めることで，その流量以上は放流しない方式を指す。つまり洪水のピーク部分だけを貯留してカットするため，その流量以下の洪水の場合には，ダム流入量をダムに貯めずにそのまま放流する。なお，途中で水位が設計洪水位に達した場合には，流入量をそのまま放流するこ

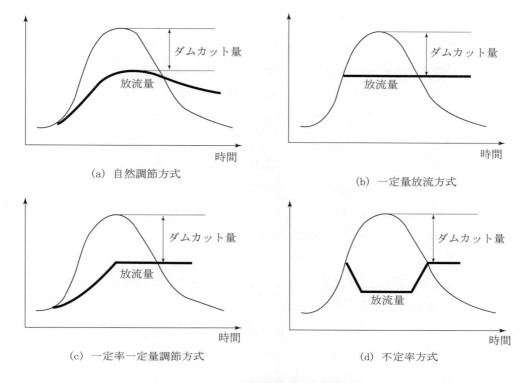

(a) 自然調節方式

(b) 一定量放流方式

(c) 一定率一定量調節方式

(d) 不定率方式

図 6.17　洪水調節方法の概念

とになる。一定率一定量方式（図 6.17(c)）は，ある流量から最大流量まではダムへの流入量に一定の率をかけた量を放流し，最大の流入量に達した後は，その時の放流量で一定量放流する方式を指す。ダム下流の流下能力が低い時に用いる方式である。不定率方式（図 6.17(d)）は，下流における洪水の時間変化の内，流量が最大となる時間帯のみを狙って効率的にダムに貯留する方式を指す。この方式は，洪水の変化を高精度に予測しなければならないため，出水の速い小流域では採用しにくい方式である。水位変化が鍋やバケツの形に似ていることから，鍋底カットやバケットカットとも呼ばれる方式である。

6.2.5　ダムの問題

　ダムは河道を横断する構造物であるため，河川とその周辺環境が分断される。これにより，ダムは治水面・利水面で社会に貢献していると同時に，土砂動態や自然環境に関する問題を抱えることになる（7.4 節参照）。例えばダム上流から供給される土砂は，ダムの下流には自然供給されなくなる。ダムの上流で生産された土砂は流水の速度が急減するダム湖上流側から堆積する傾向がある。一般に，上流から供給される土砂量を想定してダム湖には堆砂容量が見積もられているため，堆砂したままでも問題はない。しかし，下流への土砂供給の減少は下流部の河床低下だけではなく，海岸線の後退などを引き起こす（Yokoo and Udo, 2016；有働ら，2016）。そこで，ダム湖内やダム上流側の副ダムに堆積した土砂を掘削し，

ダンプカーで下流部や海岸に輸送し，人工的に土砂を供給（土砂還元）している流域（福島県の三春ダムなど）もある。また，ダム堤体の下部に砂を排出するためのゲートを設置して，出水期に堆積した土砂を流水の勢いを借りて流下させる取り組み（排砂，黒部川水系の出し平ダム・宇奈月ダムの連携排砂など）も行われている。この他に，ダムの上下流を結ぶバイパストンネルを設置し，上流の土砂を下流に流す取り組み（通砂［土砂バイパス］，天竜川水系の美和ダム）もある。

　自然環境への問題の一つとして，ダム湖の水の滞留によって生じる上層と下層の水温差による湖水の成層化（水温躍層の生成）や下層における貧酸素化が挙げられる。ダム下層の冷水を夏季に流すと下流の水田において低温被害が生じる場合がある。夏季の湖水の表層水の滞留は藻類の繁茂を促し，水道水のカビ臭の原因となる。これらの問題を解決するため，ダム湖内では曝気（エアレーション）が行われている場合が多い。ダム湖深部へ酸素を供給し，貧酸素化を低減するとともに，ダム湖内の水の鉛直方向の循環にも役立つ。別の問題として，生態系の連続性の分断もある。ダム堤体の高さは50 mを超えることもあり，通常の魚道を併設するのが困難な場合がある。しかし近年では，エアリフト魚道と呼ばれる魚道を設置し，大きな高低差を解決する方法も採用されている（5章参照）。

　ダムは自然環境の他に，周辺住民にも影響を与える。ダムが計画されると，ダム貯水池に沈むことになる地域の住民は，移転を余儀なくされる。これにより，移転を免れる住民との間で心理的・社会的・経済的分断が生じることになる。また，地域の文化の一部が失われる場合もある。また，ダムの放流時に発生する低周波音によって，周辺住民の住居区域内の振動や心理的・生理的ストレスや健康被害が生じ，ダム管理者に苦情が寄せられることがある。現在，低周波音の抑制方法に関する研究も進められている。

　上述のように，ダムの建設は治水・利水面での効果が期待できるものの，環境面のみならず周辺住民に与える影響もある。既設ダムにおいてはこれらの問題への対策が必要である。また，ダムを新設する場合にはこれらの問題を包括的に検討していくことが必要である。

6.2.6 堰（せき）

　河川の流水を制御することを目的として，河道を横断して設置するダム以外の施設を堰と呼ぶ。堰は，その用途によって分流（分水）堰・潮止堰・取水堰・河口堰などに分けられる。分流堰は河川の分流点付近に設置して河川水を分流する。潮止堰（しおどめ）は下流部の感潮区間に設置して，塩水遡上の防止と河口周辺部の利水に貢献する。取水堰は河川の水位を調整して各種用水の取水を可能とする。河口堰は洪水の通水，高潮時の水位上昇の防止，塩水遡上の防止，河口周辺における利水を目的として河口部に設置する多目的の堰である。堰はその構造によって可動堰と固定堰に分類できる。水門の開閉によって水位調整できるものが可動堰であり，水門を持たない堰が固定堰である。

　頭首工(head works)は，河川や湖沼から農業用水路に導水するための施設を指す。取水堰，

取水口およびその付帯施設によって構成されるが，堰がない場合もある。この頭首工という名前は，英語の呼称である head works を和訳したものである。「土地改良論」（上野・有働，1902）が最初に紹介したとされている。

　河口堰は，治水・利水を目的として河口部を横断する構造物を指す。河口堰がない場合，洪水時は河道の横断面積（河積）を大きくして洪水流下能力を大きくすると安全性を向上させることができる。しかし，洪水の流下能力を向上させるために河口部の河床を浚渫（掘削）すると海水が浸入しやすくなり，塩水の遡上，堰周辺地域の地下水の塩分濃度の上昇などのデメリットもある。この相反する問題を軽減するために，河口堰が設置される。河口堰が設置されると，立地によっては高潮・津波の侵入や遡上を防ぐことができる。また，平常時は堰による貯留効果によって，新規の水資源開発や周辺地域の地下水の塩分濃度の低下が期待できる。このため，河口堰の設置のメリットは大きい。しかし，河口堰の設置前に比べて平常時の水位が上昇すると，河口部の堤防の安全性が低下するため，周辺部の堤防の強化が必要になる。この他にも，周辺地域の地下水・生態系・水質・汀線変化・漁業に加えて，堰周辺部の堆砂・洗堀・塩分濃度の変化など，河口堰の建設による影響を常時モニタリングしながら運用する必要がある。

コラム　ダムカード

　ダムへの理解を深めてもらうことを目的として，国土交通省および独立行政法人水資源機構は平成19年からダムカードを作成し，ダムの管理事務所やその周辺施設で配布しています（国土交通省，2008b）。ダムカードには，統一デザインのものとそれ以外のものがあります。統一デザインのダムカードは，全国569ヵ所（現在も増加中）のダム，堰，頭首工，調整池，地下ダムで作成されています。統一デザインではないものの地方公共団体が作成したダムカードもあり，全国75ヵ所のダム・頭首工・調整池で作成されています。いずれのダムカードも，隣接する管理所などで配布されています。平日の9:00〜17:00に配布している場所が多いです。統一デザインのダムカードの表面はダムの名前，目的，型式が写真とともに記載されており，裏面にはダムデータとして，所在地，河川名，型式，堤高・堤頂長，総貯水容量，管理者，本体着工・完成年，ダムのウェブアドレスが記載されており，ランダム情報やこだわり情報も記載されています。ダムマニアの心を擽ることに成功しているようで，ダムカードのコレクターも少なくありません。

　ダムの目的の FNAWP はそれぞれ，洪水調節，流水の正常な機能の維持，農業，上水道・発電を指します。

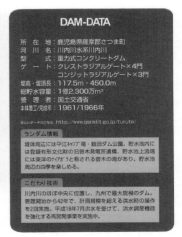

DAM-DATA

所 在 地：鹿児島県薩摩郡さつま町
河 川 名：川内川水系川内川
型　　　式：重力式コンクリートダム
ゲ ー ト：クレストラジアルゲート×4門
　　　　　コンジットラジアルゲート×3門
堤高・堤頂長：117.5m・450.0m
総貯水容量：1億2,300万m³
管 理 者：国土交通省
本体着工/完成年：1961/1966年

詳しいデータはこちら http://www.qsr.mlit.go.jp/turuta/

> ランダム情報
> 堤体周辺には平江キャンプ場・鶴田ダム公園、貯水池内には登録有形文化財の旧曽木発電所遺構、貯水池上流端には東洋のナイガ ラと称される曽木の滝があり、貯水池周辺の四季を楽しめる。

> こだわり技術
> 川内川のほぼ中央に位置し、九州で最大規模のダム。管理開始から42年で、計画規模を超える洪水時の操作を2回実施。平成18年7月洪水を受けて、洪水調節機能を強化する再開発事業を実施中。

ダムカード

コラム　ダムカレー

　ダムカードのほかに，近年ではダムカレーも登場し，人気を博しています。ダムカレーはダムをモチーフにしたカレーのことで，一般にライスで堤体を，カレーで貯水池を表現しています。日本ダムカレー協会のウェブサイトには，「2009年ごろから全国的に増え始めました」と記載されています。調べてみると，重力式ダムやアーチダムなど，地域のダムの形状を模した独自のカレーが全国に100種類以上あり，その数は増え続けているようです。ダムカレーの中には，ダムからの放流もお皿の上で楽しめるものもあります。

ダムカレー（鳴子ダム［アーチダム］）（著者撮影）

参考文献

1) 上野英三郎，有働良夫，土地改良論，博文館，1902.

2) 有働恵子，武田百合子，横尾善之，日本全国の河川から海岸への土砂供給ポテンシャルと砂浜侵食との関係，土木学会論文集 B2（海岸工学），Vol.72, No.2,（海岸工学論文集第 63 巻），pp. I_799-I_804, 2016. DOI: 10.2208/kaigan.72.I_799.

3) 風間聡，水文学，コロナ社，165pp., 2011.

4) 環境省，雨水・再生水利用，http://tenbou.nies.go.jp/science/description/detail.php?id=49, 2010, 参照 2018 年 6 月 20 日．

5) 気象庁，台風第１０・１１号
http://www.data.jma.go.jp/obd/stats/data/bosai/report/2004/20040729/20040729.html, 2004, 参照 2018 年 6 月 20 日．

6) 気象庁，メッシュ平年値 2010 年，2011.

7) 気象庁長崎地方気象台，昭和 57 年 7 月豪雨（長崎大水害），http://www.jma-net.go.jp/nagasaki-c/gyomu/nagasakisuigai/nagasaki.html, 1982, 参照 2018 年 6 月 20 日．

8) 厚生労働省
http://www.mhlw.go.jp/stf/seisakunitsuite/bunya/topics/bukyoku/kenkou/suido/kijun/kijunchi.html, 2015, 参照 2018 年 6 月 20 日．

9) 国土交通省，平成 8 年度版　日本の水資源，1996.

10) 国土交通省，下水処理水の再利用水質基準等マニュアル
http://www.mlit.go.jp/kisha/kisha05/04/040422/05.pdf, 2005, 参照 2018 年 6 月 20 日．

11) 国土交通省，雨水・再生水利用について
http://www.mlit.go.jp/mizukokudo/mizsei/mizukokudo_mizsei_tk1_000054.html, 2008a, 参照 2018 年 6 月 20 日．

12) 国土交通省，ダムカード，http://www.mlit.go.jp/river/kankyo/campaign/shunnkan/damcard.html, 2008b, 参照 2018 年 6 月 20 日．

13) 国土交通省，平成 26 年版日本の水資源，2014.

14) 国土交通省関東地方整備局鬼怒川ダム統合管理事務所，ダムの貯水位，2005, http://www.ktr.mlit.go.jp/kinudamu/wording/01chisuichi/, 参照 2018 年 6 月 20 日．

15) 国連食糧農業機関，AQUASTAT, http://www.fao.org/nr/water/aquastat/main/index.stm, 参照 2018 年 6 月 20 日．

16) 産経新聞，【長辻象平のソロモンの頭巾】中国の「南水北調」　アラル海の「悪夢」の再現か，http://www.sankei.com/images/news/150114/lif1501140016-p2.jpg, 2015, 参照 2018 年 6 月 20 日．

17) 全国治水砂防協会，砂防便覧，平成 26 年度版，2014.

18) 総務省統計局，人口推計（平成 23 年 10 月 1 日現在）- 全国：年齢（各歳），男女別

人口・都道府県：年齢（5歳階級），男女別人口 - (http://www.stat.go.jp/data/jinsui/2011np/)，2012，参照2018年6月20日.

19) 高橋裕，新版 河川工学，東京大学出版会，318pp，2008.

20) 玉井信行編，大学土木河川工学，オーム社，194pp，1999.

21) 東京都水道局，もっと知りたい「水道」のこと，https://www.waterworks.metro.tokyo.jp/faq/qa-14.html#2，参照2018年6月20日.

22) 中澤弌仁，水資源の科学，朝倉書店，168pp，1991.

23) 日本下水道協会，都道府県別の下水処理人口普及率，http://www.jswa.jp/rate/，2017，参照2018年6月20日.

24) 日本水道協会，水道のある快適な生活と給水量の推移，http://www.jwwa.or.jp/shiryou/water/water.html，2014，参照2018年6月20日.

25) 日本ダム協会，ダム便覧2018，http://damnet.or.jp/Dambinran/binran/TopIndex.html，2018，参照2018年6月20日.

26) 農林水産省，ため池，http://www.maff.go.jp/j/nousin/bousai/bousai_saigai/b_tameike/，2017，参照2018年6月20日.

27) 農林水産省農村振興局整備部防災課，ため池をめぐる状況について http://www.higosanae.or.jp/topics/20171117_07.pdf，2017，参照2018年6月20日.

28) 虫明功臣，高橋裕，安藤義久，日本の山地河川の流況に及ぼす流域の地質の効果，土木学会論文報告集，Vol.309，pp.51-62，1981.

29) Yokoo, Y., Udo, K., Connectivity between sediment storage in dam reservoir and coastal erosion: implication through zonal mapping of monitoring data, Journal of Coastal Research, Special Issue 75, pp. 725-729, 2016. DOI: 10.2112/SI75-145.1.

30) 横尾善之，沖大幹，山地河川の流況曲線形状を説明するための表層地質の分類法に関する検討，土木学会水工学論文集，第53巻，pp.463-468，2009.

31) 横尾善之，沖大幹，川﨑雅俊，坂田加奈子，渇水比流量の増加要因に着目した全日本地下水涵養ポテンシャルマップの作成，土木学会水工学論文集，第55巻，pp.I_385-I_390，2011.

第 7 章

河 川 環 境

7.1 はじめに

　河川環境という言葉を聞いて何を想像するだろうか？ある人はリクリエーションの場として利用される河川敷を想像するかもしれないし，釣り人や自然派の人は透き通った水が流れる清流を取り囲む河畔林の風景を想像するかもしれない。河川環境という言葉は広い定義をもつ。つまり，「自然環境」のほかにも，「人間の暮らしや文化，歴史」，そして「景観」をも含む概念であるとされる。本章では，河川工学の観点から特に重要と思われる「自然環境」，「人間の暮らしとの関わり」を中心に説明する。

7.2 河川の水質

7.2.1 汚染の種類

　流れる水がきれいで，自然環境・景観が残され，そこにあるべき生態系が育まれる。そんな健全な河川環境が成立するためには，そこに流れる水の質は基礎とも言うべき存在である。途上国の地方では，今でも河川水を飲み水とし，河川に排泄物を流している。しかし，人口の増加や各種産業の勃興，さらには環境への配慮が万全ではない河川整備により，河川を流れる汚濁物質が量的に増加したため，「三尺流れれば水清し」を期待すること，つまり河川に備わる浄化作用のみに水質改善を頼ることは現代では難しくなった。

　水質汚濁防止法（後述）によると，汚濁という言葉は「河川や湖沼などの公共用水域[1]および地下水の水質の悪化並びに水質以外の水の状態が悪化すること」を表す。それに対して，汚染という言葉は公共用水域の他にも大気や土壌など広く環境における人為的な汚れを表す。汚濁の原因となる物質または排水については汚染物質または汚染水という。一口に河川の汚濁と言ってもその原因物質の起源，すなわち汚染源は様々である。汚染源は大きく点源汚染（Point source pollution）と非点源汚染（Non-point source pollution）（または面源汚染）に分けられる。点源汚染は，工場排水のように汚染源が特定できる場合をいう。非点源汚染は，農地における堆肥や散布された農薬が雨水で流された場合などその汚染源がある程度広く（面的）かつ複数存在する場合をいう。それぞれの汚染源から汚染物質が河川に流入する様子を図7.1に示した。

1　河川，湖沼，港湾，沿岸海域その他公共の用に供される水域およびこれに接続する公共溝渠，
　かんがい用水路，その他公共の用に供される水路のこと

　点源汚染は，工場，畜産場，鉱業所からの排水に加えて，下水処理場（現在は浄化センター，水再生センターと呼ばれることが多い）にて処理された生活排水などによって河川を汚染することを指す。これらは汚染の排出場所が分かっているので，河川に放流する前に基準を満たすように処理することは比較的簡単である。

　一方，非点源汚染は上で述べた農地に加えて，山林や市街地に蓄積した汚濁の原因となる物質（例えば，落ち葉や粉じ

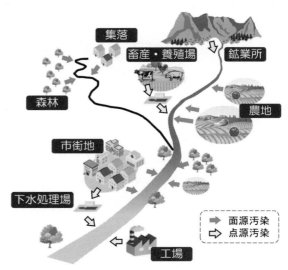

図7.1 汚染源ごとの汚濁流入

んなどに由来する有機・無機物質）が降雨時に流れ出て河川水を汚染させることを指す。非点源汚染による河川の汚濁物質の濃度が雨の降り始めに高く，降雨継続後も濃度が上昇せずむしろ低下することをファーストフラッシュ現象と言う。また，降雨時に未処理の汚水が雨水と共に公共用水域へ放流される合流式下水道（図7.2）では，雨天時に公共用水域へ流入する汚濁負荷量[2]はより一層増える。それに対して分流式下水道では，雨水管と汚水管を分離しているため汚水が未処理のまま公共用水域に到達しない。

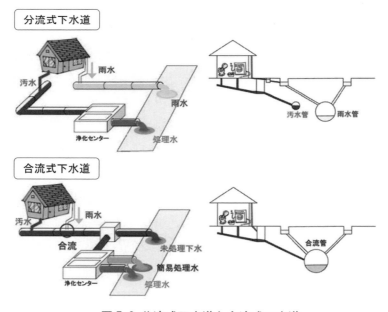

図7.2 分流式下水道と合流式下水道

(http://www.city.okayama.jp/gesui/keikakucyousei/keikakucyousei_00064.html)

2　河川水中に含まれる汚濁物質の総量であり，通常一日当たりの質量で表現される．点源負荷と非点源負荷はそれぞれ点源汚染と非点源汚染による河川への汚濁負荷をいう．

　河川における水質汚濁を引き起こす原因物質としては，野生生物や工場・家庭に由来する有機化合物（有機物），窒素やリンなどの栄養塩類，病原性微生物，カドミウムやヒ素などの重金属，農薬などの有害物質が挙げられる。

　有機物の主な発生源は，生物由来では植物（河畔林からの落葉）や藻類・生物の排泄や死骸が，人為由来では工場や合成洗剤・排泄物などを排出する家庭である。多くの有機物は，生物にとって害ではなく河川にも常にある程度存在している。しかし量が多くなり過ぎると，微生物などによる河川の自浄能力（7.2.3 参照）を超過して過剰な状態になる。結果として，水中の酸素が多量に消費されて水生生物[3]の生息に不適な環境になり，ヘドロが堆積し悪臭を放つなど目に見えて「汚れた川」になる。なお，現在の下水処理施設は第一にこの有機物の除去をするように設計されている（武田，2010）。

　栄養塩類は生物の成長・生長に必要な塩類のことであり，窒素・リン・カリウム・ケイ素・鉄などがその主要な元素として挙げられる。ここでは，富栄養化の原因とされる窒素とリンに絞って紹介する。富栄養化はダム湖を始めとする閉鎖性水域（水の入れ替わりに乏しい水域）に栄養塩類が過剰に蓄積する現象を言う。これにより植物プランクトンが異常に増殖してアオコ[4]が発生し，湖面が黄緑や青緑色に染まり，景観阻害や異臭などの原因になることがある。逆に栄養塩類が少なくなる場合を貧栄養化という。貧栄養の状態では植物プランクトンの生産量は減少し，透明度が高まり水質は良好だが，植物プランクトンに依存する動物の現存量も減少する。富栄養化の階級は主要な水質指標の数値と関連付けて表 7.1 のように定義されている。

　栄養塩類はその量が相対的に少ない場合に，藻類やプランクトンの生長にとって制限要因[5]となる。窒素やリンは一般的に水環境中に足りていない。水中に存在する炭素（C）と窒素（N），リン（P）の比において C:N:P= 106 : 16 : 1 となる場合をレッドフィールド比と呼ぶ。この比と実測値を比

表 7.1　富栄養化の基準値 （Sakamoto, 1966）

階級	年平均濃度 （mg/L）	
	全窒素	全リン
貧栄養	0.02〜0.2	0.002〜0.02
中栄養	0.1〜0.7	0.01〜0.03
富栄養	0.5〜1.3	0.01〜0.09

較して，藻類や植物プランクトンの制限要因となっている元素を知ることが可能である。窒素の供給源は様々である。例えば，主要な供給として，大気中の排気ガスの雨による降下や，散布肥料（工業的に固定された窒素）や植物の窒素固定菌により固定された窒素[6]の流出，

---

3 河川を含む水域に生息する生物のこと．
4 アオコ（青粉）とは，ミクロキスティスやアナベナ等の藍藻類が大量に増殖して，湖沼やダム湖の湖面を青緑色の粉をまいたようになる現象のことをいう．
5 例えば，リンの存在量が生物の要求量よりも少ない場合にはリンの増減によってその生物の生長が左右される．このときリンは生物にとって制限要因である．
6 窒素固定とは大気中の窒素が反応性の高いアンモニア等に変換される化学反応のことである．

生活排水が挙げられる。リンの供給源は土壌または生物である。リンの循環には鳥類や魚類などの生物の移動が大きく関わっていること，すなわち野生動物がリンの循環に貢献していることが知られている（亀田，2001）。

コラム：下水処理水の再利用

　　近年になり下水処理水を再利用する多様な試みが世界中で行われています。下水処理水というと，浄化されているとはいえわれわれが捨てた水が元になっているため「汚いもの」と思うかもしれません。しかし，処理水には窒素などの栄養塩類を豊富に含む水という側面もあります。この処理水の栄養豊富な特徴を利用して，わが国でも佐賀市などで水産業（例えば，ノリ養殖）や農業に下水処理水が使われつつあります。また，濁りも無く見た目は普通の水と大きく変わらないことから，修景用水（噴水や水路などの景観のための用水）や親水用水にも使われています。海外に目を向けると，シンガポールでは NEWater と呼ばれる下水処理水を高度に浄化して再生利用するプロジェクトが進行しています。下水処理水は貴重な水資源の一つと認識され，今後ますます利用が進むと考えられます。

7.2.2　水質に関する法律と水質基準

　わが国における本格的な水質保全に関する法規として，公共用水域の水質の保全に関する法律（水質保全法）と工場排水などの規制に関する法律（工場排水規制法），いわゆる「水質二法」が 1959 年に施行された。しかし，水質二法は公共用水域のうち工場や事業所などの排水により汚濁が懸念される水域を指定水域とし，その水域のみを対象に規制が行われるという緩いものであった。これは経済成長にブレーキをかけ過ぎない程度に公共用水域の環境を保全する，という行政の意向が反映された法規制と考えられる。

　しかし，水質二法の施行後も公共用水域の水質は悪化し，公害病（例えば，水俣病，イタイイタイ病）が深刻化する事態に発展した。これを受けて政府は水質二法を廃止し，代わりに水質汚濁防止法を 1970 年に制定した。この法律により，すべての公共用水域への排出と，地下への浸透について規制がされ，工場排水のような点源汚染についてはその原因者が必要な改善対策に要する費用を負担するという原則（汚染者負担原則）が確立された。

　1993 年に制定された環境基本法では，それまでの公害対策基本法（1967 年制定）を発展させて，広く環境の保全に関わる施策を推進することが目的化された。環境基本法第 16 条では公共用水域について環境基準が定められており，「人の健康の保護に関する環境基準（健康項目）」と「生活環境の保全に関する環境基準（生活環境項目）」の 2 つに分類される。健康項目と河川（湖沼を除く）の生活環境項目について表 7.2 と表 7.3 に示す。

河川における生活環境項目は，pH，生物化学的酸素要求量（Biochemical Oxygen Demand：BOD），浮遊物質または懸濁物質（Suspended Solids：SS），溶存酸素量（Dissolved Oxygen：DO），大腸菌群数である。

表 7.2　人の健康の保護に関する環境基準（健康項目）

項目	基準値	項目	基準値
カドミウム	0.003mg／L 以下	1,1,2-トリクロロエタン	0.006mg／L 以下
全シアン	検出されないこと	トリクロロエチレン	0.01mg／L 以下
鉛	0.01mg／L 以下	テトラクロロエチレン	0.01mg／L 以下
六価クロム	0.05mg／L 以下	1,3-ジクロロプロペン	0.002mg／L 以下
砒素	0.01mg／L 以下	チウラム	0.006mg／L 以下
総水銀	0.0005mg／L 以下	シマジン	0.003mg／L 以下
アルキル水銀	検出されないこと	チオベンカルブ	0.02mg／L 以下
ＰＣＢ	検出されないこと	ベンゼン	0.01mg／L 以下
ジクロロメタン	0.02mg／L 以下	セレン	0.01mg／L 以下
四塩化炭素	0.002mg／L 以下	硝酸性窒素および亜硝酸性窒素	10mg／L 以下
1,2-ジクロロエタン	0.004mg／L 以下	ふっ素	0.8mg／L 以下
1,1-ジクロロエチレン	0.1mg／L 以下	ほう素	1mg／L 以下
シス-1,2-ジクロロエチレン	0.04mg／L 以下	1，4－ジオキサン	0.05mg／L 以下
1,1,1-トリクロロエタン	1 mg／L 以下		

備考
1　基準値は年間平均値とする．ただし，全シアンに係る基準値については，最高値とする．
2　「検出されないこと」とは，測定方法の項に掲げる方法により測定した場合において，その結果が当該方法の定量限界を下回ることをいう．
3　海域については，ふっ素およびほう素の基準値は適用しない．

表 7.3　河川における生活環境の保全に関する環境基準（生活環境項目）

項目類型	利用目的の適応性	基準値				
		水素イオン濃度（pH）	生物化学的酸素要求量（BOD）	浮遊物質量（SS）	溶存酸素量（DO）	大腸菌群数
AA	水道1級 自然環境保全およびA以下の欄に掲げるもの	6.5以上 8.5以下	1mg/L以下	25mg/L以下	7.5mg/L以上	50MPN/ 100mL以下
A	水道2級 水産1級 水浴およびB以下の欄に掲げるもの	6.5以上 8.5以下	2mg/L以下	25mg/L以下	7.5mg/L以上	1,000MPN/ 100mL以下
B	水道3級 水産2級およびC以下の欄に掲げるもの	6.5以上 8.5以下	3mg/L以下	25mg/L以下	5mg/L以上	5,000MPN/ 100mL以下
C	水産3級 工業用水1級およびD以下の欄に掲げるもの	6.5以上 8.5以下	5mg/L以下	50mg/L以下	5mg/L以下	―
D	工業用水2級 農業用水およびEの欄に掲げるもの	6.0以上 8.5以下	8mg/L以下	100mg/L以下	2mg/L以上	―
E	工業用水3級 環境保全	6.0以上 8.5以下	10mg/L以下	ごみ等の浮遊が認められないこと	2mg/L以上	―

備考
1　基準値は，日間平均値とする（湖沼，海域もこれに準ずる.）.
2　農業用利水点については，水素イオン濃度6.0以上7.5以下，溶存酸素量5mg/L以上とする（湖沼もこれに準ずる.）

　pH は水素イオン濃度を表す最も一般的かつ測定が簡便な水質項目である。pH は生化学反応に深く関わる要素であるため，その数値の把握は重要である。基準となる pH8.5 以上では塩素による殺菌力が低下し，6.5 以下では浄水処理過程の凝集[7]効果が低下する。淡水域のpH は鉱山廃水や工場排水，酸性雨などで変化しうる。

　BOD は水中の有機物を従属栄養[8]の微生物が酸化分解する際に必要となる溶存酸素量により定義される。数値の小さい方が，有機物が少なく水がきれいであることを表す（図 7.3）。一般的には試料水を密閉容器に入れて培養して微生物の作用により 20℃で 5 日間に消費された酸素量から定義する。国土交通省は毎年 BOD の数値から「水質が最も良好な河川」を選定している（表 7.4）（国土交通省，2015；2016）。なお，本リストに載っている河川の BOD

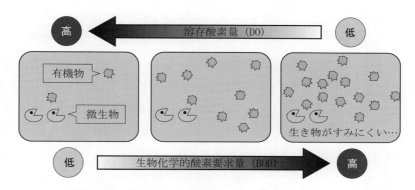

図 7.3　水中の DO と BOD の関係。有機物が多過ぎると河川の自浄作用では分解しきれず溶存酸素量が低下し，魚類など生物の生息が困難になる。

表 7.4　2014 年，2015 年における水質（BOD 値）が最も良好な河川

2014 年		2015 年	
河川名	都道府県	河川名	都道府県
尻別川・後志利別川・沙流川	北海道	尻別川・後志利別川・沙流川	北海道
荒川	福島県	荒川	福島県
安倍川	静岡県	安倍川	静岡県
熊野川	和歌山県	宮川	三重県
北川	福井県	天神川・小鴨川	鳥取県
仁淀川	高知県	仁淀川	高知県
吉野川	徳島県	厳木川	佐賀県
川辺川	熊本県	川辺川、球磨川	熊本県
本庄川、小丸川、五ヶ瀬川	宮崎県	本庄川、小丸川、五ヶ瀬川	宮崎県

7 容易に沈殿しない微粒子・懸濁物を凝集剤により結合させることで粒子径を拡大し，沈降しやすくすること
8 生育のために有機炭素を摂取・吸収する生物のこと

値は測定下限値の 0.5mg/L である。九州の川辺川や，北海道の 3 河川，福島県の荒川などは毎年のようにリストアップされており，清流と呼ぶのにふさわしい。なお，全国の BOD の環境基準達成率は 1986 年には 66％だったが，2000 年には 88％，2015 年に 97％と，近年では多くの河川で達成している。

BOD と類似した有機物汚濁の指標として化学的酸素要求量（Chemical Oxygen Demand：COD）がある。COD は微生物の代わりに酸化剤[9]による加熱分解で被酸化性物質（主に有機物）を酸化する際に消費される酸化剤の量を酸素に換算した量から測定される。

環境基準において，BOD は河川，COD は湖沼と海域における指標として用いられている。この理由は，COD で対象とする湖沼では，一般的な BOD 測定に要する時間である 5 日間でも水中の有機物の分解には不十分であることや，基準設定の時点までに湖沼や海域では COD，河川では BOD による観測が行われてきたためデータ蓄積の観点から指標を変えないことが望ましいこととされる。

溶存酸素量はその名の通り水中に溶けている酸素の量で，水生生物の呼吸に必要であり，微生物による河川の自浄作用（7.2.3 参照）にとって重要な指標である。数値の大きい方が河川環境にとって望ましい（図 7.3）。しかし，河川水中の植物の光合成による増加や，水生生物の呼吸等により短期的に変動が大きいため，水質基準としては BOD が好まれる。

SS は水中に懸濁している 2mm 以下の粒子状物質の濃度であり，一般的に水を孔径 1 μm のフィルターに通水した際にフィルターに残った物質の乾燥重量から測定される。SS 自体は無機・有機物を区別しないが，汚濁の進む河川では有機物の比率が高くなる。SS が高くなると太陽光が河床まで届かなくなり河床の藻類の生長が阻害される。

大腸菌群とは，糞便中に含まれる大腸菌と大腸菌に似た性質をもつ微生物の総称[10]である。大腸菌群数は糞便汚染[11]指標として用いられており，試料水に含まれる大腸菌群を培養して生育したコロニーを計数することで測定する。しかし，大腸菌群には環境中（河川水や土壌等）に自然に存在する微生物も含まれるため，実際の糞便汚染を過大評価する傾向にあることが指摘されている。

---

9 わが国での COD の測定では，酸化剤として一般的に過マンガン酸カリウムが用いられる．なお酸化の定義は化合物中のある元素の電子の放出のことであり，還元は逆に電子の受入れのことである．

10 大腸菌群の定義は正確には，グラム染色陰性，無芽胞性の桿菌で乳糖を分解して酸とガスを形成する好気性又は通性嫌気性菌である

11 人間や家畜等に由来する病原性微生物による汚染のこと

コラム：水文水質データベース

　全国 109 水系の一級河川（国土交通省が管理する河川）および沖縄地方のダム管理に関連する二級水系などを対象として，水分量（雨量や流量など）や水質が観測されており，蓄積されたデータが無償で提供されています。水質項目は，水温，pH，電気伝導率，濁度，溶存酸素，アンモニア，シアン，COD などです。読者諸氏の身近な河川の水質項目の数値は一般的な数値と比べてどの程度なのか，清流として名高い河川の数値はどの程度なのか等々調べてみて下さい。

図 7.4 水文水質データベース（http://www1.river.go.jp/）

7.2.3　汚濁と川の生きもの

　河川の水質汚濁はそこにすむ生物の生息環境を変化させる。このため，人為的なミスや不法投棄などで油類や化学物質が高濃度で河川に流入する水質事故が発生した場合，水生生物に多大な影響（例えば，魚類の大量へい死）を与える恐れがある。また，汚濁による生物への影響の中には，生物濃縮[12]のように影響がすぐに現れない慢性的なものもあり，後になって公害病（例えば，水俣病におけるメチル水銀の魚類への蓄積）の被害につながる。

　ある程度の有機物や栄養塩などの汚濁は河川の自浄作用（Self-purification）により浄化される。自浄作用とは，汚染物質が河川水中を流れていく過程で微生物による生化学的な分解を受けたり，川底に沈んだりして，徐々に水質が良くなる効果を言う。生物による自浄作用には，例えば有機物が河床の好気性微生物により分解されたり，ろ過食者の底生動物（7.3.4 参照）により食べられたりすることがある。

　河川生物は種によって汚濁に耐えられる程度（耐性）が異なる。例えば，上流に生息するヤマメは汚染の無い清流を好むが，コイは汚濁が進んだ河川でも生息可能である。また，カ

---

12 食物連鎖で栄養段階が上がるにつれて化学物質（難分解性で蓄積性）が濃縮される現象（Biomagnification），または生物が生息環境よりも高い濃度の化学物質を体内に蓄積する現象（Bioconcentration）

ワゲラ目の種の多くは水質の良好な河川に生息するが，ハエ目ユスリカ科には汚濁に強い種の多いことが知られる。このような種または分類群ごとの汚濁耐性の有無を利用して，河川の水質や健全度（Health または Integrity）を調べる学問（例えば，汚水生物学（津田，1964）は現在でも世界的に進展しており，様々な評価指標が提案されている。これは 7.5 節でもう少し詳しく紹介する。

7.3　河川の生態系

7.3.1　河川生物の生息場

　河川は場所によってその様相を変える。このため，河川環境を考える際には，対象とする空間スケールを明確にすることが重要である。河川のスケールは，大きい順に，流域（Catchment）スケール，特徴（例えば勾配）が同じとみなせるセグメント（Segment）スケール，セグメント内においてある特徴が同じとみなせる区間（例えば一つの蛇行区間）をリーチ（Reach）スケール，リーチ内の瀬／淵スケール（またはユニットスケール），石や礫の隙間などの微生息場（Microhabitat）スケールというように分類されている（図 7.5）。

　川の様相は上流，中流，下流で大きく変化する。それを特徴づけるのがリーチ内の瀬と淵の存在である。瀬は大きくは白波がたつ流速の速い早瀬（Riffle）と白波はたたず早瀬より水深が深い平瀬（Run）に分類される。淵（Pool）は平瀬よりもさらに水深が深く流速の遅い場所を指す。流れの非常に遅いまたは止水部としては，流路と一部接続しているわん

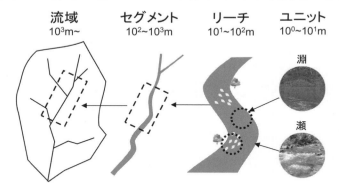

図 7.5　河川の階層的なスケール（Frissell et al., 1986）（ユニット内にも多様な微生息場が存在する）

写真 7.1　淀川下流のわんどの様子（写真左側が水制により土砂がたまって形成されたわんどである）

ど（Embayment）（写真7.1），流路から孤立したたまり（Terrace pond）などがある（竹門，2007）。リーチ内の瀬と淵は上流では多数現れる（A型）が，中流～下流では一つずつ現れる（B型）。さらに，瀬から淵への落込みは上流では滝のよう（a型）だが，中流では白波がたつ程度（b型）で下流では波立たない（c型）。これを合わせて上流域はAa型，中流域はBb型，下流域はBc型が典型的な河川の形状である（図7.6）（水野・御勢，1993）。

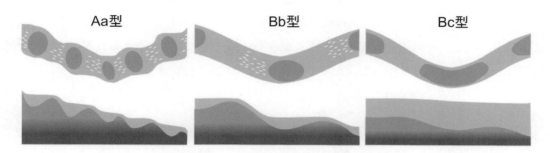

図 7.6　上流 – 中流 – 下流の河川のかたち

コラム：瀬と淵にまつわる言葉

　瀬や淵を用いた言葉は普段からよく耳にします。瀬は，歩いて渡れるほど浅い場所であることから転じて，場所や立場，機会などの意味で使われることが多いです。例えば，「立つ瀬が無い」は不利で立場が悪い状況を意味し，「やる瀬無い」は船を停泊する場所が無いことから対応すべき手段，特に気晴らしの手段が無いことを意味し，「逢瀬」は出会いの機会を意味します。対して淵は，川の深い所であることから，深淵や恋の淵など深いことを強調するために用いられる他，なかなか抜け出せない苦境としての意味で用いられることが多いです。瀬や淵を用いた言葉は古くから詩歌や物語にも用いられています。源氏物語「葵」を例にとると「かならず逢ふ瀬あなれば」「うれしき瀬もまじりて」「涙ぞ袖を淵となしける」などの表現が見つかります。われわれ日本人にとって，古くから瀬や淵は身近な存在であったことが伺えます。

　また，瀬と淵はその位置と特徴によって様々な呼び分けがされています。淵から瀬に変わる場所を淵尻，瀬頭と呼び，瀬から淵に変わる場所を瀬尻，淵頭と呼びます。他にも，釣り用語では水深が膝程度で水面がザラザラと波立つ瀬をザラ瀬，ザラ瀬より浅い瀬をチャラ瀬と呼んで区別するほか，流れの激しい荒瀬，荒瀬に近い急流のガンガン瀬，川底が石により段々になっている瀬をダンダン瀬，と特徴によって細かく分類するようです。

7.3.2　河川生態系の相互関係

　河川の生物相は上流・下流の違い，瀬・淵の違いのみならず，その場所の気候，土地利用などによって様変わりする。図7.7に簡略化した河川生態系の食物連鎖[13]の図を示す。有機物の供給源（一次生産）として重要な役割を果たすのが川底の石の表面に生えたコケ（付着藻類）や河畔林または陸域由来の落葉である。河川に供給された葉は細かくされて粗大粒状有機物（Coarse Particulate Organic Matter: CPOM, 1mm～）や微細粒状有機物（Fine Particulate Organic Matter: FPOM, 0.25～1mmなど）となり底生動物が食べやすい大きさになる。そしてその底生動物は大型底生動物や魚類，鳥類などに食べられる，という一連の流れが河川の食物連鎖である。次項からそれぞれについて詳しく見ていく。

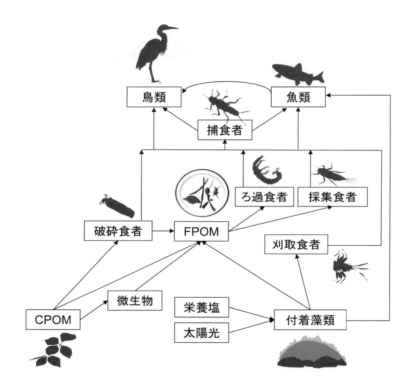

図7.7 河川生態系の食物連鎖。底生動物に関してはその摂食機能群（7.3.4参照）ごとに示している。

7.3.3　生産者

　河床にある大きめの石を手に取ると表面がヌルヌルしていたり，場合によっては目に見えてコケが生えていたりするのが分かる。このヌルヌルは生物膜（バイオフィルム）と呼ばれ，細菌や藻類などで構成されている。河道内の一次生産者として河川の生態系を支える役割を

---

13 食物網（Food web）は食物連鎖が複雑にからみあった様子をいう。

果たすのが，この河床の付着藻類（Periphyton）である。付着藻類は珪藻（Diatom），藍藻（藍色細菌，Cyanobacteria），緑藻（Green algae）などにより構成される。付着藻類がよく育つのは，ある程度大きな粒径の石や礫が河床に存在し，日射エネルギーを受取るために太陽光を遮る河畔林（樹冠）が少ないと同時に水深が深過ぎず，栄養塩類の供給が多い場所である。よって，上流と比べて河畔林が少なく，着生に適した石礫の多い瀬があり，栄養塩類が多くなる中流域で一般的に生物量の大きい傾向にある。付着藻類は河川生物の餌資源として重要な側面を持つ。例えば，内水面漁業[14]における重要魚種であるアユや，底生動物の中にも付着藻類を食べる種は多い。

　高水敷のような洪水時に浸水する立地に生育する樹林を河畔林（Riparian forest）という。河畔林は川辺林，水辺林，河岸林などとも呼ばれるが，ここでは河畔林と呼び方を統一する。河畔林の河川生態系における機能としては，日射の遮断による河川水温上昇の抑制や，有機物の供給（落葉や陸上昆虫の落下），倒木の微生息場としての利用などがある。その一方で，河畔林は疎通能力を低下させることから河川管理による伐採の対象となるケースも多い。上流の山地河川における峡谷部の斜面にある樹林は渓畔林（Valley forest）と呼び，しばしば河畔林と区別される。特に上流域のように樹冠に覆われ栄養塩濃度の低い環境下では渓畔林からの有機物の供給が相対的に多い。

　河畔林のうち，堤内（人家のある側）では堤防沿いに樹林帯区域が設けられることがある。樹林帯区域は増水時に氾濫水の勢いを弱めることに加え，流れてくる土砂や流木などを捕捉して堤内に入ってくるのを防ぐ役割を持つ。河道内外の樹林帯を河川に沿って連続的に配置して緑の回廊をつくり出すことは，水辺の生物の移動を可能とし，自然あふれる親水空間の創成につながるとされる。

7.3.4　底生動物

　河川の底生動物（Benthic animal）または底生無脊椎動物（Benthic invertebrate）は河川の中と外で生産された有機物（7.3.3参照）を消費して，食物連鎖の上位に位置する魚類・鳥類などの餌資源としての役割を果たす。底生動物は，その場における局所的な環境の変化に対して敏感に応答する（例えば，生物相が変わったりする）ため，水質汚濁の指標生物としてしばしば用いられる（7.5に詳述）。順流域[15]で最も一般的に見られる分類群は大型（〜40mm程度）のヒゲナガカワトビケラ[16]を含むトビケラ目，カゲロウ目，カワゲラ目などで

---

14 湖沼や河川を対象とした漁業．その漁業組合を内水面漁業協同組合と言う．一つの河川でも複数の漁協が存在することも多い
15 潮汐の影響を受けない河道区間のこと
16 長野県伊那市では現在でも水生昆虫を「ざざむし」と呼び食用にしている．ざざむしの中身の多くはヒゲナガカワトビケラが占めている．

写真 7.2　左：カワゲラ目カワゲラ科
右：トビケラ目ヒゲナガカワトビケラ

図 7.8　水生昆虫のコロニゼーショ
ンサイクル

あろう（写真 7.2）。「水生昆虫」という言葉は生活環の一部または全てを水中で生活する昆虫の総称であり，底生動物の中の一つのグループと位置付けられる。水生昆虫はいずれも幼虫（Larva/Nymph）期に水中で生活する。その後，多くの目（Order）は蛹（Pupa）を経て羽化（Emergence）して飛翔能力をもつ成虫（Imago）になり陸上で生活する。この生活環をもつ水生昆虫には，幼虫期には下流方向に流下（Drift）するが，それを補うように成虫は上流方向に群れて飛ぶ生態が確認されている。これをコロニゼーションサイクル（Colonization cycle）という（図 7.8）。

　底生動物は生活型（Life type）や摂食機能群（Functional feeding group）によってしばしば分類される（表 7.5）。生活型では，洪水の少ない安定した河川にて優占[17]する造網型（Net-spinner）や，遊泳して移動する遊泳型（Swimmer）などがある。この特徴から，造網型の底生動物が優占する群集は極相[18]であるとの見方がしばしばなされる。

　摂食機能群では，粗大な有機物を破砕して摂食する破砕食者（Shredder），流れてくる微細な有機物をろ過して摂食するろ過摂食者（Filter-feeder），堆積した微細な有機物を収集して摂食する収集食者（Collector），付着藻類をはぎ取って摂食する刈取食者（Grazer）などがある。

7.3.5　上位捕食者

　河川における主要な上位捕食者は魚類である。代表的なグループとして，コイ科・サケ科・ハゼ科などが挙げられる。魚類の主な餌資源は小型魚類や水生・落下昆虫（陸生だが河畔林から落下してくる昆虫），付着藻類などである。魚類はその生活史において生活の場を移動する（回遊という）種が多い。例えば，サケのように産卵のために河川を遡上することを遡河回遊（Anadromous migration），アユのように河川で生活して産卵するが，一時期を海で

17　群集の中でも卓越して個体数が多いこと
18　生物相が移り変わって最終的に到達し，もうそれ以上変化しない相のこと

表 7.5　主な生活型と摂食機能群

生活型	特徴，代表的な分類群
造網型 Net-spinner	分泌絹糸により巣や捕獲網を作る ヒゲナガカワトビケラ属，シマトビケラ属
滑行型 Glider	扁平な体形で河床表面を潜るように移動する ヒラタカゲロウ科，ヒラタドロムシ科
掘潜型 Burrower	砂に潜って生活する モンカゲロウ科，ユスリカ属
遊泳型 Swimmer	遊泳して移動する コカゲロウ科，チラカゲロウ科
固着型 Attacher	吸着器官などで礫などに固着する ブユ科，アミカ科
匍匐型 Crawler	河床の礫表面などを足で匍匐して移動する カワゲラ科，マダラカゲロウ科，ヘビトンボ科
携巣型 Case-bearer	葉や小石で作られた筒形の巣に入って生活する ヤマトビケラ科，ニンギョウトビケラ属

摂食機能群	特徴，代表的な分類群
ろ過食者 Filter-feeder	捕獲網などで流下する微細有機物をこしとって摂食する ヒゲナガカワトビケラ，シマトビケラ属
破砕食者 Shredder	粗大有機物を噛み砕いて摂食する ヨコエビ属，オナシカワゲラ属
刈取食者 Grazer	付着藻類をはぎ取って摂食する ヒラタカゲロウ属，コカゲロウ属
採集食者 Collecter	堆積する微細有機物を収集して摂食する ユスリカ科の多く，トビイロカゲロウ属
捕食者 Predator	ほかの小型底生動物を捕食する カワゲラ科，ナガレトビケラ属

過ごすことを両側回遊（Diadromous migration）という。

　アユは年魚ともよばれ，秋に産卵して稚魚が降海し，春先に河川に再び遡上してくる。アユは味が良く，内水面漁業にとって重要種である。そのため，アユの放流は日本全国津々浦々で行われてきた。ひと昔前では湖産（琵琶湖）アユが全国の河川に放流されていたが，近年では湖産の割合は減少して種苗や天然の稚魚が放流されている[19]。一方で，近年アユの漁

獲量は海産の稚アユも含めて減少傾向にある。

　他に主要なグループとしてサケ科が挙げられる。サクラマス（ヤマメ）やイワナ，ニジマスなどはサケ科である。ヤマメはサクラマスの陸封型個体（海に回遊せず一生を淡水域で過ごす個体）で種としては同一である。

　水辺の河畔林などに生息・営巣する鳥類も河川の上位捕食者として位置付けられる。魚食性鳥類のカワウが内水面漁業における食害で問題視される（成末ら，1999）。同じく魚食性のサギ類も少なからず魚類を捕食しているとされる（藤岡・松家，2006）。

コラム：河川水辺の国勢調査

　全国 109 水系の一級水系の河川とダムを対象として，1990 年から国土交通省により定期的に（5 年または 10 年に 1 回）生物調査が行われています。水文水質データベースと同様に調査データはウェブ上で無償提供されています（図 7.9）。2011 年の河川水辺の国勢調査改善検討委員会の報告によると，データは河道計画や重要種保全などに利活用されています。この調査は環境保全を視野に入れた河川管理への貢献が期待されています。

図 7.9　河川環境データベース

http://mizukoku.nilim.go.jp/ksnkankyozz

---

19 湖産アユが冷水病の保菌率が高いことや，天然アユとの交雑により塩分耐性の低いアユが増える危険性があることが理由とされる．7.5.2 項コラムも参照のこと．

コラム：レッドリストとレッドデータブック

　レッドリスト（Red List）とは国際自然保護連合（International Union for Conservation of Nature: IUCN）が公開する絶滅の恐れのある野生生物のリストです。1966 年に最初のレッドリストが作成され，現在までに多くの改訂が行われています。各国でもレッドリストに準拠したリストが作成されており，わが国では環境省が「絶滅のおそれのある野生生物の種のリスト」をまとめています。さらに，水産庁，地方自治体，学術団体でも独自のリストが作成されています。なお，レッドデータブックはレッドリストに掲載された生物種の分布や生態，絶滅の要因などの詳しい情報が加えられたものです。河川を生活の場とする魚類では，2014 年に二ホンウナギが IUCN のレッドリストに登録されたのは記憶に新しいでしょう。

7.3.6　様々な重要種

　「希少」または「減っている」という観点の絶滅危惧種とは別に，生態系の中でも特に大事な役割をもつ種は重要種である。例えば，食物連鎖の上位種のことであるアンブレラ種や，その存在が他の生物種に大きな影響を与える種であるキーストーン種[20]の考慮も大事である。他にも，固有種（Endemic species）（例えば，琵琶湖固有種のビワマス）や商業的（漁業において）価値の高い種も注目すべきである。

河川水辺の国勢調査では重要種を指定している。河川における重要種は，主にレッドリストに掲載される絶滅の恐れのある野生生物や，天然記念物（例えば，二枚貝に産卵する性質をもつコイ科タナゴ類のイタセンパラ（写真 7.3））が該当する。2015 年時点において，魚類では，メダカ（2 種），タナゴ類，鮒寿司で有名な琵琶湖のニゴロブナなど，10 目 17 科 83 種が登録されている。底生動物では，大型の水生昆虫のゲンゴロウ科（8 種）や河口近くの汽水に生息する食用二枚貝のヤマトシジミなど，23 目 59 科 113 種が登録されている。なお，われわれにとって身近な生き物であり，保全活動をよく目にするホタル（ここでは，ゲンジ

写真 7.3 イタセンパラ

http://www.env.go.jp/nature/kisho/hogozou-shoku/itasenpara.html

---

20 例えば，産卵のために河川を遡上する魚類が陸生の捕食者等にとって重要な餌資源であることが報告されている（Willson and Halupka, 1995）

ボタルとヘイケボタル）も水生昆虫であるが，両者とも一部の自治体でレッドリストに選定されているが重要種ではない。

7.3.7 河川連続体仮説

河川は上流から河口に至るまで一方向に連続的である。上述したように，上流では落葉，中流では付着藻類が主要な有機物の供給源である。上流で供給された落葉は，下流に輸送される間に破砕食者による捕食や微生物などによる分解作用を受ける。このため，有機物の形態として，上流では粒径の大きいCPOMを餌とする破砕食者が多く，中流〜下流では粒径の小さいFPOMを餌とする採集食者やろ過食者が多くなる。また，中流域では付着藻類の生産性が高まるため相対的に刈取食者が多くなる。このような上流〜下流に渡る有機物の連続性と生物相の関係性を説明したのが河川連続体仮説（River Continuum Concept: RCC）である（図7.10）（Vannote *et al.*, 1980）。

RCCは，実河川において，人間活動の影響や上位捕食者の影響のため，この傾向が見えないことが多い。仮説の通りにいかない自然生態系は複雑である。

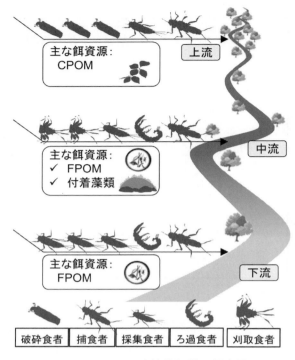

図7.10　河川連続体仮説の概念図
(Vannote et al. 1980 を改変)

コラム：洪水パルス仮説

　河川連続体仮説が縦の有機物のつながりとすれば，洪水パルス仮説（Flood pulse concept）は横のつながりといえます（Junk *et al.*, 1989）。洪水パルス仮説によると，河畔林のはたらきによって，氾濫原と河道の栄養塩の交換が行われています。雨が降って河川の水位が上がり，河道中の栄養塩が河畔に供給されて河畔植生の生産性が向上します。そして水位が下がるころには，逆に分解・無機化された栄養塩が河道に供給されます。この一連の流れを洪水パルス仮説といいます。

7.4 私たちの暮らしと河川環境

7.4.1 河川環境と人間活動

第 6 章までに見てきたように，これまで私たちは暮らしを安全かつ豊かにするために，自然な河川の状態を大きく造り変えてきた。しかし，高度経済成長を背景とした人間目線の河川整備は，河川の水質悪化，そして生態系への負の影響を残す結果となった。わが国では，1981 年の河川審議会の答申で，それまで関心の低かった「河川環境」の概念が取り上げられた。その後，多自然型川づくりの推進，河川法の改正，自然再生推進法の施行などもあり，わが国の河川環境は一時よりも良い状態にあると言える。しかし，河川環境をめぐる問題はダム，外来種，気候変動，水質汚濁などとまだまだ山積みである。本節では，人間の視点から見た河川環境，そして河川環境にまつわる諸問題とこれまでの対策事例について紹介する。

戦後の治水・利水中心の河川整備により，河岸はコンクリートで固められ，蛇行河川は直線化され（ショートカット），ダム・堰堤^{えんてい}により河川は改変された。以上のような背景から，わが国における河川の多様な自然環境は失われてきた。さらには，工業・鉱業・農業・畜産業など多岐に渡る人間活動は河川水の質を低下させてきた。

わが国で河川環境が河川管理の場において重要視されるようになったのは，1980 年代から河川環境管理基本計画の策定が行われるようになってからと言える（表 7.6）。河川環境管理基本計画は，主に高水敷の自然環境保護やリクリエーション利用などのゾーニング[21]により河川空間の整備を図るものである。

さらに 1997 年の河川法の改正でこれまでの治水・利水に環境の保全と整備の概念が加えられたことはわが国の河川環境にとって歴史的な転換点である。このきっかけとなったのが，長良川河口堰[22] 工事への反対運動に端を発した国民的な河川環境への意識の変化とされる。この歴史的な法改正により，多自然型川づくり，水質浄化事業，汚泥の浚渫^{しゅんせつ}[23]，親水[24] 護岸の整備，魚道の設置などの河川環境整備事業が，河川法における目的の一つに位置づけられた（日本河川協会 , 2014）。

河川工作物はその規模に応じて河川環境への影響範囲が異なる。一般的な落差のない床固工または帯工_{とこがためこう おびこう}（5.3 節参照）は，土砂が堆積する作用を通じて水生生物の生息環境に影響するが，その影響範囲は貯水ダムのような大型の構造物に比べると狭い。一方，貯水ダム

---

21 空間を機能（用途）ごとに分類して配置すること
22 塩水の浸入を防ぐために河口に建設される河川構造物．（6.2 節参照）
23 川底の土砂などを掘削^{くっさく}して取り除く河川工事
24 河川を通じて活動的，精神的な恩恵を享受すること．水遊びして楽しい感情や，美しい景観に癒されること等（8 章参照）

表 7.6　河川環境施策の歴史

年度	主な河川環境関連施策
1964	河川法に利水の追加
1981	河川環境管理基本計画の策定
1990	多自然型川づくりの推進、河川水辺の国勢調査の開始
1991	魚がのぼりやすい川づくり推進モデル事業の開始
1995	河川法に環境の保全と整備の追加
2002	自然再生推進法の施行
2006	多自然川づくりの推進
2012	持続可能で活力ある国土・地域づくりの推進

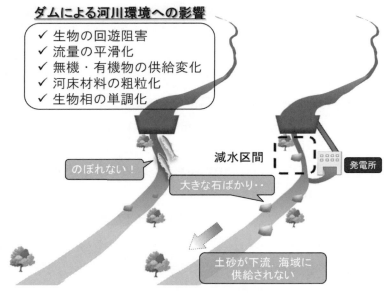

図 7.11　ダムによる河川環境への影響

は，ダム周辺への影響のほかにも，ダム下流への物質の輸送にも影響する（図 7.11）（後述）。以下，ダムを例に河川整備に伴う影響を解説する。

　ダムの設置によって，それまで流れていた河川が流れていない状態（止水）へと変化する。また，発電取水などによりダム直下から本来その河川に流れる流量が少なくなる（この区間を減水区間という）。減水区間では一般的に河川環境や河川に関わる施設に影響が出ないように最低限の流量（維持流量）を設定する。しばしば水生生物にとって十分とは言えない流量のため，内水面漁協がダム管理者に放流を要求する例は枚挙に暇がない。

　ダムによる河道の分断は回遊性の魚類（e.g.，サケやアユ）の移動を阻害する。この影響緩和のため，これまで多くのダムに魚道（5.7 節参照）が設置されてきた。しかし，魚が魚道入口を発見できない，魚種の遊泳能力が考慮されていないなどの課題が完全に解決されて

写真7.4　ダム下流の粗粒化の例

いない。

　ダムが阻害するのは生物の移動だけではない。上流から流れてくる土砂がダム貯水池により捕捉されることで，本来下流に供給される土砂量が減少する。これにより，ダム下流の河床に粒径の小さい土砂が少なくなり，岩盤が露出したり大きい土砂が多くなる粗粒化（Armoring）が発生する（写真7.4）。この結果として，河床に大型の藻類（例えば，カワシオグサ）が異常繁茂したことや，安定的な環境を好む造網型の底生動物（例えば，シマトビケラ科）が異常増殖したことが報告されている（野崎・内田，2000；谷田・竹門，1999）。

　上流域に数多く設置される砂防ダムや，建設材料に用いるための砂利採取は土砂が減少した原因とされる。以上から，高水敷と比べて低水路の河床低下が各地で発生している。河床低下は河積が増えるため治水上望ましいように思えるかもしれない。しかし，高水敷における冠水の頻度が低下することで高水敷が樹林化し，澪筋が固定化される河川の二極化が生じる。これにより，洪水時に浸水する遷移領域（例えば，原始河川における氾濫原）が消失する。遷移領域は河川生態系の維持のために重要視されてきた。中規模かく乱[25]仮説（Intermediate disturbance hypothesis）によると，かく乱頻度が中程度の場所において生物の多様性が最も高まるとされる（Connell, 1978）。

　ダムは土砂だけではなく栄養塩類も貯水池に捕捉していることが世界中で報告されている（例えば，Friedl and Wiiest, 2002；Humborg et al., 1997）。このような栄養塩類（特に窒素やリン）の蓄積により，多くのダム湖では富栄養化が進行している。ダムにより下流への栄養塩類の供給が減少したという報告は多いが，ダムによる遮断の有無は，対象とする物質の性質やダムの形状・規模によって様々である（例えば，Humborg et al.,1997：Teodoru and Wehrli, 2005）。物質供給の減少は生態系への影響に直結する。栄養塩類の減少は海岸域の磯焼け[26]への寄与も考えられる。

---

25 かく乱とは，河川における洪水のように，生態系の破壊をもたらす平常時と比べて極めて大きな環境変化のことをいう。
26 海藻類が季節的な変化の幅を大きく越えて著しく劣化・消失する現象

　近年では，人の手によって健全な河川環境を造ろうとする試みも行われている。わが国での代表的な例は次項で紹介する多自然川づくりである。多自然川づくりは護岸や河道形状の自然的な整備をするものであり，そこを流れる水量を操作するものではない。一方，河川環境のために，河川水のみならず地下水や下水処理水などが利水される（環境用水（秋山ら，2012）[27] という）。ダム下流の河川環境の改善を目的としたフラッシュ放流では，放流水によって下流の藻類をはく離させて，水質の改善，アユなどが餌として好む新鮮な付着藻類の生長を促す効果が期待される。他にも，宮崎県の一ツ瀬川では，河川の濁水が発生した際に，本来ダム湖に導水する河川水をダム下流に流して薄める取り組みがなされている。これらも環境のための利水と言える。

7.4.2　多自然川づくり

　多自然川づくりとは，従来のコンクリートを多用した河川整備から脱却して，その地域の自然環境に配慮し，歴史・文化などとの調和も図る河川管理のことを言う（日本河川協会，2015）。従来は洪水時に水を速やかに下流へと流す治水に重きが置かれていたが，多自然川づくりでは，治水上の安全性を確保しつつ，自然河川がもつ多様な環境を維持または再生することを目指す。

　具体例を挙げると，従来の河川整備では流速を速く，河道法線[28] は直線にし，河道内樹林を除去することが好ましいとしていたが，多自然川づくりでは，流速は本来遅い所では遅く，法線は澪筋が良好な場合はなるべく現状を維持し，河道内樹林はあるべきところには残す，などの違いがある（多自然川づくり研究会，2011）。

　多自然川づくりの歴史は，1990 年に建設省（当時）が「『多自然型川づくり』の推進について」を通達したのが最初である。はじめは低水護岸[29] に樹木（粗朶）など自然素材を用いたものが大半だった（日本河川協会，2010）。しかし，その地域の環境と調和しない工法

写真 7.5　横浜市いたち川における従来の河川整備（上）と多自然型河川整備（下）の違い

（http://tenbou.nies.go.jp/science/description/detail.php?id=95）

---

27 正確には，水質，親水，景観の改善（修景）等の生活環境または自然環境の維持，改善等を図ることを目的とした用水と定義される.
28 河道と堤防の平面的な形状を示す線. 堤防線ともいう.
29 河道の低水路に沿って整備される護岸

や素材が使用されるなど，型にはまった事業であると批判の目が向けられた。そこで，2006年に多自然川づくりと改名し，地域の有する自然の営みを最大限に生かす，または尊重する河川整備を目指すものとなった。しかしながら，いまだ目標設定が曖昧であることや事業の評価が難しいなど，課題は多いと言える。

　先駆的な多自然川づくりを推進した河川として神奈川県のいたち川が挙げられる（写真7.5，7.6）。2005年には，激甚な災害後にいち早い復旧が求められる河川整備の現場において，学識者から助言を得ながら効率的に多自然川づくりを進めるアドバイザー制度が創設された。この制度を利用して整備された多自然工法の河川の例として，岩手県元町川や宮崎県

(a) はアドバイザー制度により整備された例として宮崎県山附川，(b) は宮城県清川，(c) (d) は神奈川県いたち川上流のふるさとの川モデル事業区間。(e) は鹿児島県新川に設置される穴あきダム[30]である西之谷ダムの貯水池区間における棚田型の護岸と湿地，(f) は宮崎県水流川

写真 7.6　多自然川づくりの例

30 治水（洪水調節）専用で下部に放流口を有する普段は水を貯水池にためないダムのこと

山附川が挙げられる（写真7.6）。山附川の例では，洪水流により河岸の浸食があった場所はその川幅に合わせて改修をすること，転石を利用して自然な落差や流れを再現すること，などの助言がなされた。また，山附川や宮城県清川の例では，護岸に隙間の多い深目地を採用している。これは土砂および植物の種子の侵入や，出水時における小型生物の隠れ場，つまり退避地（Refugium）としての効果が期待される。

多自然川づくりでは親水空間としても配慮するケースが多い。いたち川の集水域はその大半が市街地であるが，多様な河川景観を有する稲荷森の水辺を始めとした親水公園が随所に整備されており，河道へのアクセスも良好である（写真7.6）（吉川ら，2007）。宮崎県水流川の例もコンパクトながら景観・親水に配慮した親水公園としての機能を有する空間と言える（写真7.6）。

読者諸氏の近所にある景観や親水に意趣を凝らした河川に足を運んでみてもらえれば幸いである。なお親水については第8章を参照されたい。

7.5 河川環境評価

7.5.1 河川の健康診断

淡水域における生物種の絶滅速度は陸上生物種など他と比べて速いと推計されている（Revenga *et al.*, 2005）。従って，あるべき自然生態系への理解に加えて，人為的な改変に対して生態系がどう変化するかを評価していく必要がある。では，評価とは一体どのように行えばいいのだろうか？現時点でこの問いに対する唯一の正解は存在しないが，河川生態学や河川工学の研究者・実務者を中心とした取り組みにより分かってきたこともある。本節では，生態系の観点に絞ってこれまでの河川環境評価について紹介する。

本節のタイトルのように，河川に健康診断という比喩表現を用いる理由は，ここまで読み進めてきた読者には想像がつくかもしれない。われわれが健康診断を受ける時には血糖値でもBMI値でも「異常なし」と判断される基準値がある。それに加えて，現状が基準に近付いているか，遠のいているかも合わせて重要な判断材料である。河川についても同様の考え方をするべきと考えられる。何れかの人為的な負の影響があった河川に対して，①健全であるとする基準（目標）を設定する，そして，②これまでの歴史的な（長期的または短期的な）経緯から，今後の推移を予測すること，の2点が鍵となる（中村ら，2008）。しかし，これら2つにはそれぞれ違う難しさがある。

まず，①について，どのような指標を用い，その指標の目指すべき基準をどう設定するのかが難しい。評価河川と気候や地質，地形などの条件が類似しており，人為的影響を受けていないまたは限りなく小さい河川を比較対象（対照区間：Control，またはリファレンス：

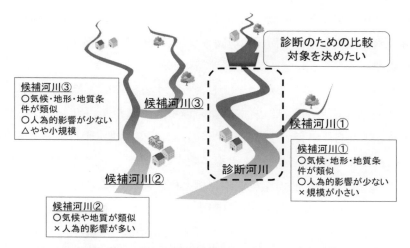

図 7.12　ダムによる下流の河川環境への影響を診断するために，比較対象とする「上流にダムが無く人為的影響の小さい」河川の選定イメージ。この場合，候補河川③が比較対象として適している。

Reference）として基準を設定することが望ましい（図 7.12）。しかし，わが国で人為的な影響を受けていない河川はほとんど存在せず，妥当な比較対象を見つけることは難しい。

　また，何を目指すかにより適切な指標は変わってくるだろう。例えば，希少種など単一種の保全であれば，その個体数と生息場の質，餌資源量などを評価することが考えられる。生態系の豊かさを表す生物多様性は評価されることが多いが，これは 7.5.2 で詳述する。

　水質汚濁の影響を評価する場合は，水質項目を直接測定するほかにも，河川の生物相において汚濁に強い種・弱い種を調べることも行われる（図 7.13）。わが国における生物の観点による河川の水質評価研究の歴史は津田（1964）の汚水生物学に遡ることが出来る。その後も，国内外で類似の取り組みは発展しており，例えば魚類を対象として提案された IBI（生物学的完全性指標：Index of Biotic Integrity）(Karr, 1981)，IBI の底生動物版であるB-IBI（底生 -IBI：Benthic-IBI）(Kerans and Karr, 1994) などがある。わが国ではベック・津田法や平均スコア（Average Score Per Taxon：ASPT）(野崎，2012) などがよく用いられる。なお既報では，河川水辺の国勢調査のデータを用いて全国の ASPT 値と BOD の強い相関関係が確認されている（大垣，2007）。

　対象とする河川の歴史的な変化過程に目を向ける②これまでの歴史的な経緯から，今後の推移を予測することも重要である。この場合は，データの蓄積が無いことが問題となる。河川にある人為的または自然的な影響が与えられた場合，その前の状態についての情報は，比較対象として価値が高い。なお，河川水辺の国勢調査は一級水系以

図 7.13　生物の観点による河川の健全度または汚濁の評価手法の概念図

外の二級河川や準用河川など大多数の河川では行われていない。これらの河川では，研究事例や河川整備・水資源開発に伴う河川環境調査などがない限り，河川環境に関するデータは少ないのが現状である。

　環境変化の生態系への影響を事前に予測しようとする試みはよく行われている。これにはまず，河川の物理環境，例えば，流速が速い場を好む種や遅い場を好む種がいることから，流速の大きさと注目する種の生息しやすさの対応関係を決定する。その後，別の河川の流速によって，注目する種の生息しやすさを予測する。当然，流速だけで生物は生息場所を決めている訳ではないため，他の環境要素（例えば，河床の石の構成や水温）でも同様に検討して，総合的に判断する必要がある（図7.14）。これは1980年代にアメリカで開発されて，わが国でも適用例の多い物理生息場モデル（Physical HABitat Simulation Model：PHABSIM）の説明である。上で述べた，対象種の環境要因ごとへの生息しやすさは選好曲線（Preference curve）で表現され，総合的な河川の場の生息しやすさを生息場適性度（Habitat suitability）という。

　河川環境評価において重要なのはその場だけで完結しないことである。河川は上流から下流まで連続した系である。局所的に自然再生事業を行って生物の生息環境を整備したとしても，上流に汚染源がある場合や，生物が大きく移動する場合にはその効果は小さい。だからこそ，河川環境についても流域を一つの単位とした評価・管理が求められる。

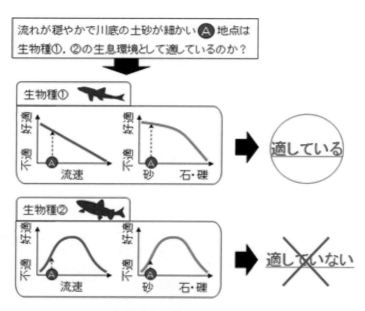

図7.14　物理的に生息場適性度を予測するモデルのイメージ図。環境要素（ここでは流速と河床の土砂の大きさ）に対する生物種による適性の程度は事前の調査に基づいて決定されている。この例だと，地点Aは遅い流速と小さい土砂の環境を好む生物種①の生息環境として適していると判断される。

> **コラム：河川生態学術研究会**
>
> 　河川法が改正された1995年に生態学と河川工学の研究者により設立された研究会です。研究会の目的を要約すると，歴史的な変化に対する河川の応答，生息場の移り変わりとその機能，生態系の構造と機能，自然・人為的かく乱の影響を把握し，河川環境の保全・復元の効果を検証し，これら知見を加味した河川管理を検討すること，とされています（日本河川協会，2015）。
>
> 　2015年までで，多摩川・千曲川・木津川・五ヶ瀬川水系・標津川・岩木川・十勝川・斐伊川を対象に調査研究が行われています。例えば，五ヶ瀬川水系では激特事業[31]の人為的インパクトの影響評価が行われ（河川生態学術研究会五ヶ瀬川水系研究グループ，2013），十勝川では湧水や樹林化が生態系機能に及ぼす影響に着目して評価が行われました（中村，2016）。

7.5.2　生物多様性

　生物多様性（Biodiversity）は2010年に名古屋で開催された生物多様性条約第10回締約国会議（CBD-COP10）で，その国際的保全・持続的利用が求められた重要な概念である。生物多様性は，遺伝的多様性（Genetic diversity）・種多様性（Species diversity）・生態系の多様性（Ecosystem diversity）の3要素からなる概念である。

　河川環境評価の場においてよく用いられるのは評価が比較的簡単な種多様性である。種多様性には種数や多様度指数（種の豊富さと均等さからなる指標）が用いられる。情報エントロピーの概念から多様度指数を表現する指標であるShannon-Wienerの多様度指数（Shannon, 1948）は種多様性を評価する際によく用いられる。Shannon-Wienerの多様度指数 H' は以下の式で表される。

$$H' = -\sum_{i=1}^{N} P_i \log P_i$$

$$P_i = \frac{N_i}{N}$$

ここで，N は総個体数，N_i は生物種 i の個体数を表す。この式では，出現する確率が小さいほど情報量（$-\log P_i$）が多く，多様度を高めるのに貢献し，出現する確率が均等になるほどエントロピー，つまり全体の多様度指数 H' が増加する。つまり，この式によると，多様度が高い生物群集は優占種と希少な種で構成されているよりも，それぞれの種が均等に存在する群集である。他によく用いられる指標は確率の概念により表現される Simpson の多様度指

---

31 激甚災害対策特別緊急事業の略称．洪水や高潮等で激甚な被害を受けた場合に予算を付けて緊急に河川改修を行う事業

数λが挙げられる。

$$1-\lambda = 1-\sum_{i=1}^{N} P_i^{\,2}$$

Simpson の 1-λ は 0 のとき多様性が低く，1 に近付くほど多様性が高いことを示す。Shannon 指数と同様に群集内に種が均等かつ豊富に含まれていることにより数値が上昇する特徴がある。

生物多様性はある場所における局所的な多様性を表す α 多様性，場所間の生物相の違いを表す β 多様性，対象とするすべての環境における多様性を表す γ 多様性の 3 種類でも分類される（Whittaker, 1972）。これらには，β 多様性 ＝ γ 多様性 － α 多様性という関係がある。ある場所の α 多様性を高めることは γ 多様性を高めることにつながらず，γ 多様性を保全するためには β 多様性を考慮する必要がある（図 7.15）。

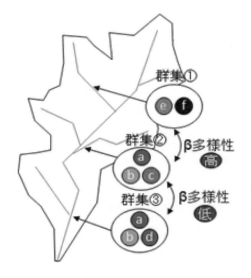

ここでは a 〜 f は生物種を表し，多様性は種数とする。流域全体を見ると γ ＝ 6，群集①の α 多様性は 2，群集②と③の α 多様性は 3 である。しかし群集①は β 多様性が高く（他の群集と種構成が相違），γ 多様性への貢献度が高い。

図 7.15　全体の多様性（γ）を保持するための β 多様性の重要性

コラム：DNA を用いた評価

生物多様性の 3 要素は互いに関係し合っており，例えば種の絶滅を防ぐためには，その種の個体数を維持することのほかにも，個体群（Population）[32] がもつ遺伝子が多様なことが重要です。個体群がある環境変化に脆弱な遺伝子をもつ個体で構成されていた場合，その環境変化により個体群は大きな打撃を受ける結果となります（図 7.16）（例えば，淡水魚の冷水病[33]）。

近年では，河川生態学において DNA 分析（分子生物実験）を取り入れて，遺伝的な多様性を評価する研究がよく行われるようになってきました。例えば，ダム

---

32 同一種のひとつの集まりのこと．複数種いる場合は「群集（Community）」という．
33 サケ科やアユに発症する感染症のこと．感染個体が存在する水環境は病原菌の供給源になる．
　湖産より海産のアユの方が感受性の低いことが報告されている（永井・坂本，2006）．

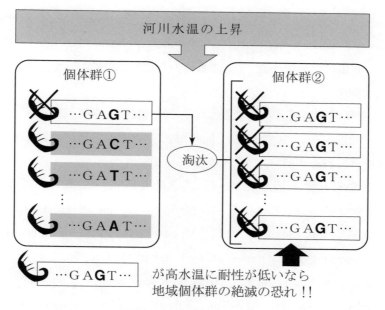

ここでは水温上昇に対する個体群の応答を例としている。

図7.16　遺伝的多様性保全の重要性

の上流と下流で魚類や水生昆虫の遺伝子が異なることを示した報告（Monaghan *et al.*, 2001）や，水生昆虫の水温や土地利用などへの遺伝的な適応を評価した例（Nukazawa *et al.*, 2015）などが挙げられます。また，近年研究が急速に進行しているのが環境DNA（Environmental DNA）です。これは水中に存在する生物由来のDNAを検出できるかどうかから特定種の在・不在を判定する手法であり，湖沼や水槽実験を中心に展開してきましたが，河川における研究も進展しつつあります。将来的には水生生物モニタリングの一般的なツールになる可能性をもつ手法と言えます。

参考文献

1) 武田育郎，よくわかる水環境と水質，オーム社，2010.

2) Sakamoto M., Primary production by phytoplankton community in some Japanese lakes and its dependence on lake depth, Archiv fur Hydrobiologie, Vol. 62, pp. 1-28, 1966.

3) 亀田佳代子，動物を介した生態系間の物質輸送，化学と生物，Vol. 39 (4)，pp. 245-251, 2001.

4) 国土交通省，平成27年全国一級河川の水質現況，2016.

5) 国土交通省，平成26年全国一級河川の水質現況，2015.

6) 津田松苗，汚水生物学，北隆館，1964.

7) Frissell C.A., Liss W.J., Warren C.E., Hurley M.D., A hierarchical framework

for stream habitat classification: viewing streams in a watershed context. Environmental Management, Vol. 10, pp. 1990214, 1986.

8) 竹門康弘，砂州の生息場機能，土と基礎の生態学，講座，土と基礎，Vol. 55 (2)，pp. 37-45, 2007.

9) 水野信彦，御勢久右衛門，河川の生態学，築地書館，1993.

10) 成末雅恵，松沢友紀，加藤七枝，福井和二，内水面漁業におけるカワウの食害アンケート調査，Strix, Vol. 17, pp. 133-145, 1999.

11) 藤岡正博，松家大樹，栃木県内のアユ遊漁区域と非遊漁区域における夏期のカワウとサギ類の採食分布，日本鳥学会誌，Vol. 55, No. 2, pp. 78-82, 2006.

12) Willson M. F., and Halupka K. C., Anadromous fish as keystone species in vertebrate communities. Conservation Biology, Vol. 9, pp. 489-497, 1995.

13) Vannote R. L., Marshall G. W., Cummins K. W., Sedell J. R., Cushing C. E., The river continuum concept. Canadian Journal of Fisheries and Aquatic Sciences, Vol. 37, pp. 130-137, 1980.

14) Junk W. J., Bayley P. B., Sparks R. E., The flood pulse concept in river-floodplain systems. In Proceedings of the International Large River Symposium, Dodge DP (ed). Canadian Special Publication of Fisheries and Aquatic Sciences, Vol. 106, pp. 110-127, 1989.

15) 社団法人日本河川協会，河川，第70巻　第12号（通巻　第821号），2014.

16) 野崎健太郎，内田朝子，河川における糸状緑藻の大発生，矢作川研究，No. 4, pp. 159-168, 2000.

17) 谷田一三，竹門康弘，ダムが河川の底生動物へ与える影響，応用生態工学，Vol. 2, pp. 153-164, 1999.

18) Connell J. H., Diversity in tropical rain forests and coral reefs, Science, Vol. 199, pp. 1302-1310, 1978.

19) Friedl G. and Wüest A., Disrupting biogeochemical cycles - Consequences of damming. Aquatic Sciences, Vol. 64, pp. 55-65, 2002.

20) Humborg C., Ittekkot V., Cociasu A., VonBodungen B., Effect of Danube River dam on Black Sea biogeochemistry and ecosystem structure, Nature, Vol. 386, pp. 385-388, 1997.

21) Teodoru C. and Wehrli B., Retention of sediments and nutrients in the Iron Gate I Reservoir on the Danube River, Biogeochemistry, Vol. 76, pp. 539-565, 2005.

22) 秋山道雄，三野徹，澤井健二，環境用水—その成立条件と持続可能性，技報堂出版，2012.

23) 社団法人日本河川協会，河川，第71巻　第10号（通巻　第831号），2015.

24) 多自然川づくり研究会，多自然川づくりポイントブックⅢ，公益社団法人日本河川協会，2011.

25) 社団法人日本河川協会，河川，第 66 巻　第 7 号（通巻　第 768 号），2010.

26) 吉川勝秀，妹尾優二，吉村伸一，多自然型川づくりを越えて，学芸出版社，2007.

27) Revenga C., Campbell I., Abell R., de Villiers P., Bryer M., Prospects for monitoring freshwater ecosystems towards the 2010 targets, Philosophical transactions of the Royal Society of London. Series B, Biological sciences, Vol. 360, pp. 397-413, 2005.

28) 中村太士，辻本哲郎，天野邦彦（監修），河川環境目標検討委員会（編集），川の環境目標を考える―川の健康診断―，技報堂出版株式会社，2008.

29) Karr J.R., Assessment of biotic integrity using fish communities, Fisheries, Vol. 6, pp. 21-27, 1981.

30) Kerans B.L., and Karr J.R., Development and testing of a benthic index of biotic integrity (B-IBI) for rivers of the Tennessee Valley Authority, Ecological Applications Vol. 4(4), pp. 786-785, 1994.

31) 野崎隆夫，大型底生動物を用いた河川環境評価　―日本版平均スコア法の再検討と展開―，水環境学会誌，Vol. 35(4), pp. 118-121, 2012.

32) 大垣眞一郎（監修），河川環境管理財団（編集），河川の水質と生態系 - 新しい河川環境創出に向けて -，技報堂出版，2007.

33) 河川生態学術研究会五ヶ瀬川水系研究グループ，五ヶ瀬川水系の総合研究，公益財団法人リバーフロント研究所，2013.

34) 中村太士，河川生態学術研究会　十勝川サイト，日本生態学会誌，Vol. 66, pp. 259-264, 2016.

35) Shannon C.E., A Mathematical Theory of Communication, The Bell System's Technical Journal, Vol. 27: pp. 379-423, 1948.

36) Whittaker R.H., Evolution and Measurement of Species Diversity, Taxon, Vol. 21, pp. 213-251, 1972.

37) 永井崇裕，坂本崇，異なるアユ系統間の冷水病感受性と免疫応答，魚病研究，Vol. 41(3), pp. 99-104, 2006.

38) Monaghan M., Spaak P., Robinson C., Ward J., Genetic differentiation of baetis alpinus pictet Ephemeroptera baetidae in fragmented alpine streams, Heredity, Vol. 86, pp. 395-403, 2001.

39) Nukazawa K., Kazama S., Watanabe K., A hydrothermal simulation approach to modelling spatial patterns of adaptive genetic variation in four stream insects, Journal of Biogeography, Vol. 42 (1), pp. 103-113, 2015.

第8章

親　　水

8.1 親水とは

　親水の概念がいつから生じたかは定かでないが，古くから川において水と親しむことは当然のこととして行われてきた。有名な三船祭の起源とされる舟遊びは898年に京都嵐山大堰川に記録されている。平泉の毛越寺の庭園や大宰府の曲水の 宴 などからも水辺で遊ぶことが広い地域で行われていたことがわかる。一方，明治以降，築堤によって水辺が遠くなり，戦後の高度成長期の水質悪化のために人々の関心が川から離れたことによって川と親しむことが少なくなった。その後，水質改善や都市部での公園機能の渇望によって川が再注目されることとなった。1971年（昭和56年）に建設大臣（現国土交通大臣）からの諮問への答申において新しい河川環境管理として，地域社会の財産であることや自然風土，社会文化などを踏まえて管理すべきとされた。多くの書物では，このときが親水を考慮した新しい河川行政の始まりとされている。この後，1997年（平成9年）の河川法の改正によって，河川管理の目的に環境が追加され，さらに地域の意向を反映した計画制度が創設された（第4章参照）。親水機能を持つ河川を多くの地域住民が好むため，この改正によって親水がより河川整備に生かされるようになった。こうした行政への住民参加をパブリック　インボルブメント（PI（Public Involvement），住民参画）と呼ぶ。住民の意向を踏まえて水辺を創造することによって地域から愛される河川を行政は目指している。

　一方，地域の意向を踏まえた結果，河川空間に球技施設や公園などが設置されていることも多く，親水とは関係がないことも多い。川と人々の結びつき，つまり風土性，歴史性を無視し，単に都市公園的に整備されているものを多く見かける（松浦，島谷，1987）。一方，こうした河川管理を導入しなければならない河川管理者の立場もある。長大な河川を全て管理するのは行政だけではほぼ不可能であり，地元住民の手を借りなければできない。人口減少のために人の手が入らず，高水敷が樹林で覆われており，計画洪水流量を流す能力のない河川が多くなりつつある。中小河川はさらにひどい場合が多く，2015年の関東・東北豪雨では宮城県の多くの中小河川が破堤した（土木学会水工学委員会ほか，2016）。この問題に対応するために，高水敷に占用許可を与えることによって樹林化を防いでおり，親水機能を持たない河川空間が悪いとは一概に言えない。

8.2 親水整備

　親水に関連したいくつかの事業があり，水辺空間の整備に生かされている。ふるさとの川整備事業や水辺とまちの未来創造プロジェクト，かわまちづくりなどが実施されており，こうした事業を水辺空間整備事業とまとめて呼ぶこともある。その中で核となっているのが水辺の楽校やひとまちづくり事業である。水辺の楽校は，市民団体や河川管理者、教育関係者などが一体となって地域の身近な水辺における環境学習や自然体験活動を推進するため、安全に水辺に近づける水辺設備などの整備支援とされている。水辺の楽校は全国で 200 ヶ所以上が登録されており，各地で利用することができる。また，ひとまちづくり事業では，水辺と周辺市街地が一体となった整備を実施しており，水辺の遊歩道をフットパス（foot path）と呼び整備している。こうした取り組みが各地で行われており，国，地方公共団体，民間，学校，NPO（Non-Profit Organization:非営利団体）などが協力した大規模な活動もある。以下に特徴的な親水整備の例を示す。

8.2.1　大阪市道頓堀川水辺整備事業
　大阪市は，まちづくりの目標である「水の都・大阪」の再生に向け、道頓堀川を中心として親水地域を創生して，水辺だけでなく都市全体の価値を高めようとしている。この地域は高潮に対する危険性から水辺の開発に制限があったが，下流の高潮対策が達成されたため，親水護岸[1]がしやすくなり，多くの整備が可能となった。とんぼりウォークや中ノ島バンクスなどをつなぐ水の回廊として，観光舟運の活性化や多くのイベントを手がけ，現在では当事業だけでなく，様々な団体が水都大阪[2]として参加し，淀川まで範囲を広げている。

写真 8.1　道頓堀　観光客の下を遊覧船が行きかう

---

1 護岸は 5 章で示した通り堤防防御が目的であるが，親水機能を付加したものが親水護岸である．
2 水都大阪コンソーシアム（https://www.suito-osaka/）

8.2.2　富山県富岩運河環水公園

富山県は，とやま都市 MIRAI 計画のシンボルゾーンとして水辺空間の豊かさを大切にしながら整備し，自然と富岩運河の歴史を活かした空間とを提供した。水に親しむ場として旧舟だまりの利用，遊歩道や芝生のスロープを配置し，中島閘門，泉と滝の広場や様々な施設とあわせて景観的にも配慮した施設となっている。遊覧船による閘門の作業も見ることができる希少な施設である。また，世界一美しいとされた[3] スターバックスコーヒーがあることでも有名である。

写真 8.2　統一した色でデザインされた富岩運河環水公園

8.2.3　古川親水公園（東京都）

江戸川区立の公園であり，日本初の親水公園である。江戸川区は「ゆたかな心　地にみどり」を合言葉として『環境をよくする 10 年計画』(昭和 46 年)によって，公園施設の整備を行った。古川は江戸川や利根川からの物資を江戸へ運ぶ舟運機能を持っていた。江戸川区内には多くの親水施設があり，他の公園や親水緑道など総延長約 27km が第 1 回美し国づくり景観大賞を受賞している。

写真 8.3　古川親水公園

3　2008 年ストアデザイン賞最優秀賞

8.2.4　河川環境楽園（岐阜県）

　国営公園，県営公園，土木研究所自然共生研究センター，東海北陸自動車道の川島パーキングエリアとハイウェイオアシスから構成される多目的の公園であり，環境共生テーマパークとされている。1999 年に開園した。自然発見館，河原の森，河原広場，世界淡水魚園水族館（アクア・トトぎふ），世界淡水魚園（オアシスパーク），自然共生研究センター，水辺共生体験館

写真 8.4　河川環境楽園

や岐阜県河川環境研究所などの施設がある。国内最大規模の親水施設といえる。幾つかの施設は，河川および湖沼の自然環境保全・復元のための基礎的・応用的研究を行っているが，申し込みを行えば施設の見学をすることができる。

8.2.5　最上川長井フットパス（山形県）

　長井市では、「水と緑と花」をコンセプトとしたまちづくりを実施するとともに，「かわ」と「まち」をつなぐフットパス（散策路）などを整備し，まち歩きやイベントなどに利活用している。このフットパスは 10 のコースが設定されており，その総距離は長い。さらに、コミュニティ歩道や案内板の整備，NPO などと連携した河川空間への花畑の創出など，積極的な整備や活動も実施しており，舟運時代の河川港として栄えた歴史を活かしたまちづくりと一体的に計画・整備をしている。

写真 8.5　長井フットパス

8.2.6　橘公園（宮崎県）

　厳密には親水公園ではなく，河川に沿った公園である。特殊提（5 章）が目の前に設置されており，水辺に大変近く，川を実感できる公園である。市街地にも近く，清涼な環境を作りだしている。公園脇の通りにはフェニックスが植樹され，その景観の良さからに日本の道 100 選に選ばれている。ノーベル文学賞作家の川端康成の小説「たまゆら」の舞台でもある。

写真 8.6　橘公園

　以上のような親水公園以外にも河川景観が優れた場所や船下りなど観光名所としての親水
性の高い地域もある。近年ではバードウォッチングや蛍を観賞できる親水整備も良く見られ
る。また，ボートやカヌー競技のための施設もある。河川整備がこうした歴史や風土，景観
に配慮して実施されつつある。

コラム：玄人好みの親水施設

　インターネットで検索すると多
くの親水施設を見つけることがで
きます。その中で少し特殊なもの
を紹介します。銅 親水公園（栃
木県）では，足尾銅山の歴史を学
ぶことができ，隣接したトロッコ
電車に乗ることができます．植林

神通川の富山空港

と砂防の関係を学ぶことができます．砂防堰堤も迫力があります．富山県の神通川
緑地公園は空港の対岸にあり，川を前景にして富山空港を発着する飛行機の写真を
撮ることができます．ここで驚くのは滑走路が河川区域にあることです．つまり高
水敷に滑走路があります．洪水のときはどうするのでしょう？？？大垣市のさい川
さくら公園（岐阜県）は豊臣秀吉が川を使って一夜で城を作ったとされる墨俣一夜
城址に続いています．須賀川市翠ヶ丘公園（福島県）は下の川（須賀川）沿いにあ
る日本三大火祭りの松明あかしで有名な公園ですが，ここには愛の鐘があり，恋人
の聖地とされています．

8.3 親水の問題

　河川に設置される親水公園は，その設置場所の特殊性から一般の公園と違い幾つかの問題を抱えている。第一に，堤外地に設置されるような場合は，洪水時に公園が流水下になる問題がある。神戸市の都賀川では地元住民のために河畔に親水施設が設置されていたが，2008年7月28日に集中豪雨が発生し，30分以内に1m以上の水位上昇があり，親水施設にいた16人が流され，11人が犠牲になった。流れは段波状であったとされ，極短時間に水位が急上昇したと考えられている。当時，大雨洪水警報が発表されていたが，施設利用者に知らせる設備がなく，情報伝達が問題となった。その後，都賀川では回転灯や川の危険を警告する看板を複数設置する対策を行った。こうした中小河川に生じる段波状の洪水を鉄砲水と呼ぶことがあり，日本各地で同様の被害が毎年のように生じている（2006年山形県富並川で2名犠牲，2007年京都府藤木川で1名犠牲）（松田ら，2010）。水辺は楽しい場であると同時に急な増水がある危険な場であることを認知する必要がある。

　親水公園は高水敷に設置されることが多いが，快適な利用環境を維持するにはコストがかかる。地元住民やNGO（Non-governmental Organization：非政府組織）などの協力を得て管理している場合があるが，清掃や構造物の修理の費用を行政が支払うことが多く，維持管理費用を受益者にどのように負担してもらうかが問題である。増水時には親水施設が破損することも多く，復旧費用が直ちに用意されない場合もあり，恒久的な施設になりにくいこともある。一方，高水敷では植生の繁茂から草刈費用がかかるが，親水公園化による人の利用によって，繁茂をある程度抑える効果もある。

　親水公園の設置によって訪問者が増加し，地元住民からの苦情が発生することがある。苦情の主な項目はごみの投棄の増加や風紀が悪くなるなどである。風紀についてはホームレスの定住や夜間まで人がいることがしばしば取り上げられる。特にバーベキューは河岸で最も人気の高いレジャーであるが，多摩川ではバーベキューする人が急増したことによる弊害のため，禁止にする事態になった。宮城県広瀬川では多くの人が訪れる芋煮会が秋の風物詩になっているが，しばしば水質の悪化が指摘されている。

　親水施設の設置は一利一害をよく踏まえたうえでの導入を考える必要があるが，その評価はまだ十分でないといえる。

8.4 親水の評価

　治水や利水の流量のように定量的に評価することが親水では難しく，人文科学や社会科学的な定性的手法が広く用いられてきた。一方，最近では定量的に評価しようとする試みが行われている。

　松浦と島谷（1987）は都市の水辺の多寡を次の3つの指標で評価した。

水空間率 R_w

$$水空間率\quad R_w = \frac{A_w}{A_u}$$

水空間密度 R_l（1/m）

$$水空間密率\quad R_l = \frac{L_w}{A_u}$$

水空間到達距離 D_w（m）

$$水空間到達距離\quad D_w = \frac{A_u}{L_w}$$

　ここで，R_w: 市街地面積に占める水空間面積の割合，A_w: 市街地内の水空間面積の総和（m²），A_u: 市街地面積（m²），L_w: 市街地内の水空間の総延長（m）である。過去のデータと比較することによって水辺空間の増減を知ることができる。

　親水の効果を計るため，最も良く利用される手法がアンケートやインタビューによる意識調査である。水質悪化と流量の減少が親水性を喪失させることが明らかになっている（谷村，1984）。大規模なものとしては国土交通省が実施している河川の水辺国勢調査がある。これは生物や環境の調査が主であるが，その中に河川空間利用実態調査が，数年に一回の頻度で季節毎の利用者と利用形態を調べている。これらの結果によると河川利用者の多くが高水敷のスポーツ利用者である。これは公園として利用しており，親水性とは無関係である。こうした利用者数を数えた研究は数多くあり，様々な解析の基本となっている。

　利用実態調査とは別に親水施設の効果を定量的に調べる手法が幾つか提示されている。行政でよく使われる手法は，親水施設の持つ価値を価格で表現した便益（benefit：B）を建設費用や維持費用（cost：C）などで除した費用便益比（B/C）を用いることである（4章参照）。便益の計算として旅行費用法や仮想市場法が行政では主に用いられる。旅行費用法はその親水施設を訪問するために支払う金額をアンケートで集計し，その和から施設の便益を求めるものである。仮想市場法は施設利用についての支払い意思額を集計するものである。これらは価格で表現できるために，その効果を定量的に知ることができる。また，全国のどの場所でも利用できる利点を持つ。

　近年ではインターネットメディアを積極的に用いることも盛んに行われている。トリップアドバイザーやじゃらんなどによる利用者の採点や，ソーシャルネットワークサービス（SNS）の投稿数などは定量的に評価しやすいデータである。

川よ　山や海に負けるな！

　インスタグラムの投稿数やアンケート，旅行情報誌を調べると海，川，山の中でどれもこれも川の数値が最低です。インスタグラムの投稿数では山，川，海の比は1.8:1.0:12.0です。るるぶの記事の面積比は2.0:1.0:2.0です（川守田ら，2017）．同じ自然なのになぜ人気がないのでしょうか？　山女を「やまめ」と読まず「やまおんな」と最近は読むことからも川より山が注目されていることがわかります。この原因を明確に言及することはできませんが，山は紅葉や雪など，夏以外の季節に関連した単語が投稿に見られますが，川には見られません。また，富士山や北アルプスのように特定の山を選ぶ傾向がありますが，川はどの川に行くかはそれほど重要ではありません。そのため，山は年間通じて安定的に投稿がありますが，川は花火のようなイベント時にたくさんの投稿があります．つまり，川は日常的であり，特徴的でないことが特徴であるのです。

　川の人気をあげるにはどうしたら良いのでしょうか？　るるぶの記事にもとづいた高校生の提言（佐藤ら，2018）では，イベントを増やすこと，特徴的な土木構造物を観光地として整備すること，景観の良い場所にカフェやレストランを置くこととしていました．るるぶに取り上げられる記事では土木構造物が山や海より多いのです．ダムや閘門，水利施設などが川の特徴的なランドマークになりうる可能性を持っています．

参考文献

1）松浦茂樹，島谷幸宏，水辺空間の魅力と創造，鹿島出版会，1987．

2）土木学会水工学委員会ほか，平成27年9月関東・東北豪雨　東北水害調査報告書，2016．

3）谷村喜代司，河川美化のまちづくり，第一法規，1984．

4）和田安彦，三浦浩之，市民の望む都市の水環境づくり，技報堂出版，2003．

5）松田如水，山越隆雄，田村圭司，鉄砲水による人的被害の軽減に向けた考察，水学論文集，第54巻，pp. 871-872，2010．

6）川守田智，安西聡，風間聡，ソーシャルメディアを用いた河川関心度評価，水文水資源学会誌，30巻，4号，pp. 209-220，2017．

7）佐藤理久，青沼ひかる，安西聡，末永夏子，橋本彩子，小金聡，風間聡，河川の認識調査と親水の活性化への方策の提案，水文・水資源学会誌，31巻，5号，pp. 395-398，2018．

8）国土交通省，河川空間利用実態調査，
http://mizukoku.nilim.go.jp/ksnkankyo/mizukokuweb/kuukan/index.htm

索　引

河川工学

2020年 9 月 16 日　初版第 1 刷発行	
2024年 4 月 6 日　初版第 2 刷発行	

編著者　風　間　　　聡

発行者　柴　山　斐呂子

〒102-0082　東京都千代田区一番町 27-2
電話 03 (3230) 0221 (代表)
ＦＡＸ 03 (3262) 8247
振替口座　00180-3-36087 番
http://www.rikohtosho.co.jp

発 行 所　理工図書株式会社

©風間　聡　2020　Printed in Japan
ISBN978-4-8446-0884-4
印刷・製本　藤原印刷

★自然科学書協会会員★工学書協会会員★土木・建築書協会会員